不可思議の

銀座猶太人賺錢術

A · 艾德華　主編

寧可花一天思考，也不要用一週蠻幹！

有錢未必美滿幸福，
沒錢卻是百事悲哀。

猶太格言如是說——世上最沉重的東西是什麼？囊空如洗的荷包是也。以及——塞滿物品的袋子固然很重，囊空如洗的袋子更重。

總之，錢是好東西，莫要擺出一副假道學面孔，嫌棄金錢骯髒，說它腐化人心使人墮落。其實比起金錢，人乃高高在上，豈可淪為因錢而墮落的懦弱者？

寫在前面

藤田　田

你想不想發財？

如果你是率直地回答「我想發財」的人，那麼就請閱讀本書，並且身體力行書中所列舉的猶太人經商法，保證一定可以成為錢在後面追著你跑的人。就像是漂亮的女人會對好的男人投懷送抱一樣，若能精通猶太人經商法，對錢來說，你就是絕佳的「好男人」。

如果是真的不想發財的人，與其閱讀這本書，不如去看《如何獲得愛情》這類的書籍，或讀讀《葉隱》（譯註：有關武士修養的書）、佛經等。

到目前為止，市面上已經出版了各種《經濟學》或《經商法》的書籍。但奇怪的是，任何一本書都沒有提到賺錢的法則，告訴讀者「這樣做一定會賺錢」，這是因為作者是實際上未曾賺過錢的學者。閱讀甘於清貧的學者所撰寫的書籍，應該是不會讓人發財的。

我在進入東京大學之前，家父不幸過世，所以學生時代的學費和生活費必須由自己賺取。透過這種生活，我跟著猶太人學習「猶太人經商法」。畢業後，我當起一名貿易商，一面實踐猶太人經商法，一面實際賺錢。

「賺錢之後，回饋社會」似乎成為各企業表面上正當的理由。也就是說，本書不是學者所撰寫的理論性、觀念性的經濟理論，而是實際賺了大錢，大家所公認的「銀座的猶太人」所著的教人賺錢的書籍。我敢保證，這是日本第一本劃時代的實用經濟書。讀者在熟讀之後，若是能夠作為日常生活中的「麻將必勝法」的一部分使用，或是有效地運用於擺脫上班族的計劃中或公司的經營上，對我來說，喜悅的程度僅次於賺錢。

不過，為了慎重起見，本人必須事先聲明，如果閱讀本書之後不能發財的話，恕不退還買書錢。因為不能發財，表示讀者並未百分之百地遵守本書所敘述的準則，如果百分之百地遵守，你一定可以成為富翁。

另外，照字面來解釋「猶太人的經商法」，可能會誤解猶太教擁有固有的「經商法」形態。如果是這樣的話就很麻煩，所以我必須事先聲明。如同沒有「佛教經商法」、「基督教經商法」那樣，當然也沒有「猶太教經商法」。

我之所以會將本書命名為「猶太人賺錢術！」是因為本書為大部分的猶太人透過五千年民族的歷史而累積得來的做生意之方法。

目錄

Chapter 1 這就是猶太人的經商法

Chapter 2

我自己本身的猶太人經商法

3 Chapter 猶太人經商法的支柱

Chapter 4

銀座的猶太人語錄

72 採行每週工作五日制而不會賺錢的生意就不要做／166
73 打高爾夫球的人不會精神錯亂／167
74 公司越大，笨蛋越多／168
75 即使有錢，也不要擺架子／170
76 要把金錢和女人等量齊觀／171
77 要懂得利用政治家／173
78 如果對己有利，捐款給共產黨也無所謂／174
79 賺錢不需要意識形態／176
80 低能政治家是賣國賊／178
81 想和我談話就到我這裡來／179
82 外國人第一次見到日本人，就留下非常惡劣的印象／181
83 知曉猶太人經商法的準則／183
專欄・猶太聖書《塔木德》／184
・猶太人的飲食／187
・猶太商人的行話／188
・「日本的猶太人」簡史／189

Chapter 5

吸收「日幣」的猶太人經商法

Chapter 6

猶太人經商法與漢堡

第1章

這就是猶太人的經商法

1 七十八比二十二的宇宙法則

猶太人的經商法有其法則，而支撐其法則的就是宇宙的大法則，那是無論人類怎麼掙扎都無法改變的宇宙大法則。猶太人在經商時，只要以宇宙大法則作為支柱，就絕對不會有「虧損」的情況發生。

在猶太人的經商法中，有一個「七十八比二十二的法則」。嚴格說來，不管是七十八或二十二，都有正負一點點的誤差。因此，雖然說是「七十八比二十二」，但有時是七十九比二十一，有時則是七十八點五比二十一點五。

讓我們來思考一下正方形與正方形內接圓的關係。假設正方形的面積為一百，那麼內接於正方形的圓形面積就是七十八點五。換言之，如果內接於正方形的圓形面積是七十八，那正方形剩餘的面積就是二十二。讀者只要試著畫出一邊為十公分的正方形來計算即可瞭解。就像這樣，內接於正方形的圓形面積與正方形剩餘面積之比，與「七十八比二十二」的法則一致。

另外，空氣中的成分是以氮七十八，氧等二十二的比例存在著，這是眾所周知的事實。人體也是按照七十八的水分和二十二的物質之比例組合而成的。

這個「七十八比二十二的法則」就是存在於大自然中的宇宙法則，不是人類的力量所能改變的。例如，即使人類能以人為的方式製造出氮六十、氧四十的空間，但人類畢竟還是無法在那樣的空間中生活。另外，如果人體內的水分比例為六十，那麼人馬上就會死亡。所以，「七十八比二十二的法則」是個真理，也是不變的法則，不能是「七十五比二十五」，也不能是「六十比四十」。

賺錢的法則也是七十八比二十二

猶太人的經商法就是在此法則之下成立的。例如，提到世界上是「想借錢給別人的人」多，還是「想向別人借錢的人」多時，大家都會回答：「想向別人借錢的人絕對比較多。」一般人都認為「想借錢的人」比較多，但事實卻正好相反。

銀行是個向多數人借錢，再將錢借給少部分人的地方。如果「想借錢的人」比較多，銀行馬上就會倒閉。即使是上班族，一賺了錢就馬上「借錢給別人」的人，應當佔大多數。想投資房地產等事業而遭到冒牌金融業者所騙的人較多，也是「想借錢給別人的人」比「想向別人借錢的人」多的最好證明。

以猶太人的口吻來講，這世上是由78％「想借錢給別人的人」，和22％「想向別人借錢的人」組合而成。就像這樣，「想借錢給別人的人」和「想向別人借錢的人」之間也存在著這個「七十八比二十二」法則。

2 從富翁身上賺錢

筆者也曾經有效地運用「七十八比二十二」法則，讓自己發了幾次小財。

接著，就來談談實際的例子吧！

每年稅務局都會公佈年收入在一千萬以上人士的姓名，通常我會設法讓這些等級的人成為公司的客戶。坦白說，將這些等級的人作為做生意的對象，會讓我們賺相當多的錢。

與一般大眾相比較，富翁的數量很少。但正如「富翁」這個名詞所示，富翁所擁有的錢非常多。換言之，假設一般大眾所擁有的錢為22％，那麼為數不到二十萬人的富翁所擁有的金錢則是78％。也就是說，以擁有78％錢財的人作為交易對象，比較會賺錢。

推銷鑽石的戰術巧妙地獲得成功！

一九六九年十二月，我在年終旺季時前往東京的A百貨公司，要求他們讓我成立一個販賣鑽石的專櫃。百貨公司總管理處的主管露出驚訝的表情說道：

「藤田先生，你未免太魯莽了！現在可是年終旺季耶！就算你的銷售對象是有錢人，但現在是各個家庭準備年貨，開銷非常大的時候，連大富翁也不會來買鑽石的呀！」

可是我並沒有就此罷手，在我不屈不撓的遊說之下，總管理處的主管終於讓步，願意提供位於市郊的B分店的一個角落讓我試賣看看。比起其他的地段店面，B分店地點不佳，顧客層也少，條件極為不利，但我仍非常高興地接受。我馬上和紐約的鑽石商取得聯絡，請對方寄來合適的鑽石，趕上年底的大拍賣，而且暢銷得不得了！

過去大家都認為「鑽石這種生意，能做一天就不錯了」，我周遭的人也說：「一天能夠賣個三百萬就算非常不錯了。」可是我不理會他們的話，創下了日營業額五千萬日圓的記錄。並且乘勝追擊，從年底到年初，在近畿、四國等地銷售鑽石，每一家店都維持五千萬日圓的營業額。

由於生意興旺，就連A百貨公司也向我低頭，要求另外提供賣場給我。但是我在東京地區已經有B店這個賣場，並不打算再成立賣場，然而A百貨公司的人員卻苦苦哀求：「只要你一天賣個一千萬日圓就可以了。」

我覺得A百貨公司未免太小看我，於是我便發下豪語：「不！我在這段期間要取得三億日圓的營業額給你們看看。」

著眼點在於「有一點奢侈的物品」

於是從一九七〇年十二月起，我開始在A百貨公司銷售鑽石。別說是一千萬日圓，我甚至賣掉了一億兩千萬日圓的鑽石。

緊接著在一九七一年二月銷售鑽石的期間，營業額終於突破三億日圓，連四國地區的營業額也超過兩億日圓。

當時百貨公司方面認為鑽石是屬於奢侈的商品，以汽車來講，就如同「凱迪拉克」或「林肯」。但我的想法是，鑽石類似日本國產車「Blue Bird」或「Cedric」這種「稍微奢侈的物品」。換言之，我的看法就是「鑽石是一般老百姓都能夠購買的高級品」，這是獲得重大成功的基礎。

我認為只要是稍微有錢的人都會想要擁有，而且還會付諸行動，掏腰包購買的商品就是鑽石。有錢人總是非常大方地按照排價，二話不說地就向我們購買。

3 將數字帶入生活之中

我之所以會提出「七十八比二十二的法則」，一是為了告訴大家猶太人的經商法有其法則，二是為了強調猶太人的數字觀念非常強。只要舉出這個法則，大家就能瞭解我的用意。

生意人當然要有強烈的數字觀念，其中以猶太人最強。猶太人平常就把數字帶入生活之把數字當作日常生活的一部分。

舉個例子來說，日本人平常是說「今天天氣很熱」或「天氣似乎轉涼了」。但猶太人卻把寒暑換算成數字，正確地讀出溫度計上的數字。如：「今天是華氏八十度」、「現在是華氏六十度」等等。

熟悉數字、數字觀念強烈是猶太人經商法的基礎，也是賺錢的基本原則。如果想要賺錢，就必須把數字帶入日常生活中，藉以親近、熟悉數字。如果只是在做生意的時候才把數字拿出來，那就太遲了。

日本人一碰到邏輯無法解釋清楚的事情時，就會歪著頭說道：「這個……真是不可思議！」

如果要我來說，我會說：「因為這個緣故，日本人才不擅於賺錢。」

「不可思議」是數字上的單位。因為是數字，所以在邏輯上應該是可以解釋清楚的。

比「不可思議」還大的數字——「無量大數」

我就舉個數字來看看。任何人都曉得從一起，至十、百、千、萬、億、兆、京，問題還在後頭，京下來是垓、秭、穰、溝、澗、正、載、極、恆河沙、阿僧祇、那由他、不可思議。「不可思議」是個確實存在的數字單位。不可思議的下一個單位，就是無量大數。

不可思議的位數非常大，但與無量大數相比，卻是個小數字。然而，數字觀念薄弱的日本人，能夠回答「不可思議」是數字的人究竟有幾人呢？

猶太人的皮箱內一定放著一把「對數計算尺」，他們對數字有絕對的自信。

猶太人的經商法有其法則，數字觀念強烈是猶太人經商法的第一步。

「違反原則（法則）就賺不了錢，如果不想賺錢，做什麼事都無所謂。因為世上也有喜歡雕刻石頭的人。可是若想賺錢，絕對不可違背原則。」猶太人充滿自信地說道。

4 世界的支配者，他的名字就叫做「猶太商人」

猶太人經商法的法則難道沒有錯誤嗎？

「沒問題，猶太人以五千年的歷史證明了經商法的法則並沒有錯誤。」

猶太人總是抬頭挺胸地如此說道。

戰後日本的經濟成長的確非常驚人。但是把戰後的日本扶植到這種程度的，卻是猶太人。正因為猶太裔的買主向日本購買商品，日本才能夠積存美元，帶給日本人富裕的生活。

我口中所說的猶太人，指的並不是目前的以色列人。猶太人有各種國籍，有美國人，有蘇聯人，有德國人、瑞士人，也有褐色皮膚的敘利亞人。雖然國籍不一，但猶太人是有著鷹勾鼻，和兩千年遭到迫害之歷史的民族。然而，若說猶太民族是世界的支配者也不過分。

支配美國的是佔全美國人口不到2％的猶太人。另外，將世界上所有的猶太人聚集起來，頂多不過一千三百萬人，與東京都的總人口差不多。

人之手。

儘管如此，從歷史上的重大發現或人類不朽的創作等等，很多都是出自於猶太人之手。

隨便舉個稍微著名的猶太人來看看！

畢卡索、貝多芬、愛因斯坦、馬克斯、耶穌基督……等，全都是猶太人。

領導世界的猶太人群像

沒錯！耶穌基督也是猶太人。由於殺死耶穌的人是猶太人，所以世人大都認為耶穌不是猶太人，但耶穌確實是個不折不扣的猶太人。

猶太人信仰的猶太教只承認一個上帝，更何況「上帝之子」應當是不存在的，因此猶太人並不承認自稱是「上帝之子」的耶穌。

如果提到耶穌基督，猶太人就會發牢騷地說道：「猶太人將猶太人處以死刑，因此兩千年來才會遭到全世界人們的迫害，有這種不合情理的事嗎？耶穌基督遭人處死，和全世界的人們一點關係也沒有。」

自由世界之象徵的耶穌基督是猶太人，而共產主義的「上帝」馬克斯也是猶太人。每次美蘇對立時，猶太人就會潑冷水地說道：「從某種意義上來說，資本主義和共產主義敵對，不過是兩名猶太人的思想對立，兩方都是我們的同胞。」

世界第一財閥羅斯柴爾德家族、天才畫家畢卡索、二十世紀最偉大的科學家愛因斯坦、第二次世界大戰時的美國總統羅斯福，以及促進美國與中國大陸建立正常化關係的中心人物——前美國總統特別國務卿季辛吉……等，全都是猶太人。但對我來說，最重要的是歐美知名的商人大部分都是猶太人這個事實。

作為一個貿易商來說，如果想在歐美做生意，不管願意與否，都一定要透過猶太人。猶太商人支配著全世界！

5 沒有「乾淨的錢」，也沒有「骯髒的錢」

日本人在賺錢時，對於金錢的來歷非常「吹毛求疵」，往往會認為在風月場所中賺來的錢是「骯髒的錢」，而將非常辛苦工作，卻獲得相當微薄可憐的工資稱為是「乾淨的錢」。依我看來，沒有比這個更沒有意義的想法了。

我在寫書時，絕對不會把麵館老闆的錢寫成「這些錢是開麵店賺來的錢」。酒吧老闆娘錢包裝的千元大鈔，我也不會寫成「這是向酒客騙來的錢」。錢沒有出身的貴賤，也沒有履歷表。

換言之，錢就是錢，並沒有所謂「乾淨或骯髒的錢」。

6 貫徹現金主義

猶太人貫徹現金主義。在猶太人的經商法則中，保障猶太人明天的生命和生活避免遭到天災地變或人為災害的，除了現金之外，別無其他東西。猶太人甚至不願相信銀行的存款，現金是唯一能夠決勝負的手段。

猶太人也以「現金主義」來衡量交易對象。

「如果把那名男子換成現金的話，今天值多少錢？」

「如果那家公司換成現金的話，差不多可以換多少？」

他們採取「如果換成現金的話……」的方式來衡量一切，即使交易對象一年後確實會成一位億萬富翁，但也不保證那個人明天不會發生意外。人類的社會和大自然每天都不一樣，這是猶太教神的旨意，也是猶太人的信念，唯獨現金是不會產生變化的。

7 賺取利息而將錢存入銀行，其實是一種損失

僅管猶太人從十九世紀就開銀行，做起生意來了。不過，那只是賺錢的手段之一，猶太人本質上是不相信銀行的。

猶太人不相信銀行是有理由的。將錢存到銀行之後會孳生利息，如此一來，存款便會增加。但是，存款在因利息的孳生而逐漸增加時，物價也在上升，相對地，貨幣價值亦在降低之中。而且如果本人死亡的話，還會以遺產稅的名義被政府侵吞一大部分。不管多麼龐大的財產，在繼承三代以後就會化而為零。這是稅法上的原則，在全世界各國都相通，暢行無阻。

現在的日本並非沒有無記名存款制度，可是此制度不是任何人都能利用的，而且遲早會像西歐各國那樣遭到廢除。如此說來，財產也要以現金的方式來擁有，比較不會因遺產稅而被扣光。

像這樣，光以遺產稅來看，把錢存到銀行，最後還是會有所損失，這是猶太人一直以來的想法。

另一方面，現金不會孳生利息，所以不會增加。但因為沒有像銀行存款那樣證據確鑿，所以也不會在繼承遺產時被扣遺產稅。

因此，雖然不會增加，卻也絕對不會減少。對猶太人來講，「沒有減少」表示「沒有損失」，這是最初步而基本的想法。

8 出租金庫並不安全

一九六八年秋天，我拜訪了紐約服飾品商人德蒙多先生。不必事先聲明，他是美國一流的服飾品商，所以是猶太人。德蒙多先生很早以前就向我提出「銀行無用論」的主張。

當時我冒冒失失地說道：

「德蒙多先生，可以讓我看看你的現金嗎？如果不麻煩的話……」

德蒙多先生很爽快地同意：「可以啊！明天請來某某銀行一趟。」

第二天早上，我和德蒙多先生約在銀行碰面。德蒙多先生帶我前往銀行地下室微暗的金庫深處。

德蒙多先生打開金庫讓我看，我只能以「壯觀」這兩個字來形容。金庫內塞滿了各種紙幣和金塊，若換算成日幣，大約有二、三十億。

紙幣有新的，也有五、六十年前的舊紙幣，我不禁懷疑這些舊紙幣現在還能不能用。這些紙幣捆紮，整理得很整齊地堆在一塊兒。

德蒙多先生不是把錢存在銀行內，只是讓銀行安全地「管理」他的錢。

銀行的金庫是紙老虎嗎？

一九七〇年一月，因為經商的關係來日本的德蒙多先生到我的辦公室找我。我有回敬他在紐約時帶我去看他的金庫之意味，於是跟他提到：「今天我帶你去看看我的金庫。」當時我的金庫是擺在位於和我們公司同一棟大樓一樓的S銀行新橋分行的金庫室內。

我們搭乘電梯來到地下一樓，入口處的櫃檯小姐十分親切地說：

「歡迎光臨！藤田先生，您的金庫是幾號呢？」

我說出號碼，櫃檯小姐就用鑰匙幫我打開金庫。

回到辦公室之後，德蒙多先生就以非常誇張的表情向我提出忠告：

「喔，不！我絕對不會把錢存在那麼危險的金庫內，搭電梯下去馬上就到金庫的櫃檯，而且坐在那裡的是年輕小姐，要是搶銀行的歹徒拿著機關槍出現的話，誰來保護你的財產？我不會把我的財產寄存在那樣的金庫內。金庫應該擺在可以絕對保障安全的地方，日本銀行的金庫就像紙老虎一樣，一旦發生緊急狀況，一點作用也沒有。」

德蒙多先生縮著脖子，一臉害怕的樣子，對他第一次見到的日本金庫似乎相當在意，而喋喋不休地說道：

「我把現金寄存在銀行的金庫內，是因為可以絕對保護我財產的安全，日本的銀行金庫不過是銀行服務項目的一種，實在太危險了……」

對不輕易相信銀行的猶太人來講，日本銀行的金庫設施，似乎不能成為好好保管現金的地方。

9 以女性作為銷售對象

「在猶太人的經商法中，商品只有兩種，就是女性和嘴巴。」

在我將近二十年的貿易商生活中，這句話不知聽了多少遍。如果讓猶太人來講，他們會說這是「猶太人經商法五千年的公理」，而且還會說「因為是公理，所以不需要證明」。

筆者就稍微來說明一下代為證明。

猶太人的歷史自舊約聖經以來至一九八三年，大約有五千七百四十三年，在猶太人的日曆中，寫的是「五千七百四十三年」，而不是西元一九八三年。猶太人五千七百年的歷史教我們一件事，那就是「男性賺錢，女性使用男性賺來的錢，使生活得以成立。」

所謂經商法，指的就是將別人的錢攫取過來。所以不論古今中外，如果想要賺錢，就要攻擊女性，將女性所擁有的錢搶奪過來，這是猶太人經商法的公理，「以女性作為銷售對象」是猶太經商法的金玉良言。

經商才能比一般人優越的人，只要以女性為銷售對象，做生意一定成功。如果讀者覺得我在撒謊，不妨試看看，絕對會賺錢。

相反的，做生意時想要從男士身上攫取金錢，比女性難上十倍以上。因為男性本來就沒什麼錢，坦白說，男性並不擁有消費的權限。

以女性為對象來做生意，就是這麼容易。閃爍著妖豔光芒的鑽石、華美的套裝、戒指、別針、項鍊等服飾品、高級的手提包等，這些商品全都是高利潤，正等著商人們去賺取。生意人不做這種生意，還想賺什麼？有機會的話，應該好好地賺上一筆。

10 以嘴巴作為銷售對象

女性用品容易賺錢，但想要販賣這些商品，需要某種程度的才能。從商品的選擇到銷售，都需要「經商才能」。

不過，猶太人經商法的第二個商品「嘴巴」，這種生意即使是平凡人或是才能很是一般般的人都能做。

我所謂的「嘴巴」，指的就是「販賣可以放入嘴巴內的東西」的生意。

例如，蔬菜商、魚販、酒店、醬菜鋪、米店、糕餅店、水果商販等，都屬於這種生意。把這些食品加工販賣的飯館、餐廳、酒吧、有歌舞表演的餐館、俱樂部之類也是。說得極端一點，如果是販賣放入嘴巴的東西，毒藥也無所謂。販賣放入嘴巴的東西的生意一定會賺錢。

做放入嘴巴的東西的生意會賺錢，也可以用科學的方式來說明。

放入嘴巴的東西一定會被消化而排泄出來，不管是一個五十元的冰淇淋，或一客一千元的牛排，在經過數小時後，都會成為廢棄物而排泄出來。

也就是說，放入嘴巴內的「商品」時時刻刻都在被不斷地消費，幾個小時之後就需要下一個「商品」來補充，賣掉的商品當天就被消化而遭到廢棄。其他地方並不存在這種商品，不論是星期六或星期天，整個禮拜能賺到的，就只有銀行存款的利息和這種「放入嘴巴內的商品」。所以，做這種生意肯定會賺錢。

雖說如此，販賣放入嘴巴的商品也不像銷售女性用品那麼容易賺錢。在猶太人的經商法中，以女性用品為「第一商品」，而以放入嘴巴的商品為「第二商品」，理由就在這裡。

據說經商才能僅次於猶太人的華僑，很多都是以販賣這種第二商品為業。猶太人之所以會認為自己「經商才能勝過華僑」，乃是因為許多猶太商人都是在販賣第一商品。

用漢堡把日本人改造成金髮民族

戰後，我有很長一段時期都在販賣手提包和鑽石等第一商品，但從一九六八年起，也經手第二商品。我創立了「日本麥當勞公司」，並任職為總經理，這家公司是與美國最大的漢堡製造商麥當勞公司合作，讓日本人能夠吃到便宜的漢堡。

整體來講，日本人蛋白質攝取量較少，因此個子矮、體力差。想要在國際性的競爭中取得勝利，首先必須增進國人的體力。我之所以會經手漢堡，也是想要改變日本人的體質。如果日本人從現在起持續吃上一千年的肉、麵包和馬鈴薯製成的漢堡，日本人應當也會成為白皮膚的金髮人。我就是想要用漢堡來把日本人改造成擁有一頭金髮的民族（編按：這就是作者的基本概念——改變它。並非黑髮真的可以變金髮）。

在歐美，即使是一條領帶，也要配合頭髮和眼睛的顏色設計出相稱的花紋。例如，與金髮藍眼相稱的花紋，或與褐色頭髮、灰色眼睛相調和的花紋。

然而，日本人全都是黃皮膚、黑頭髮和黑眼睛。如此一來，相調和的顏色就只有淺藍色一種。在設計的領域上，日本並不發達，也是因為相調和的顏色只有一種的緣故。

擁有黃色皮膚、黑頭髮和黑眼睛的日本人是典型的單一民族國家。連這麼單純的國家都無法控制的政治家或財經界人士，想要稱霸世界不過是個夢想罷了。

在日本人成為金髮之時，也是日本人成為通行於全世界之民族的時候。我要拚命地讓日本人吃漢堡，直到日本人成為金髮那一天為止。

11 判斷力的基礎在於外語

做生意時，最重要的是正確而迅速的判斷。在與猶太人做生意時，最先讓人感到訝異的是他們迅速而確實的判斷力。

由於猶太人在世界各地飛來飛去，所以至少精通兩國語言。他們可以用母語來思考，同時也能夠用外語來思考。能從不同的角度進行廣泛地瞭解，這是身為國際商人重要的優點。因此，遠比只會說本國語的商人能做出更正確的判斷。

例如，猶太人經常使用的英語中有一個單字是「nibbler」，這個單字是從動詞「nibble」延伸出來的。「nibble」指的是釣魚時，魚貪得無厭地啄食魚餌的狀態。魚在「nibble」的狀態之後，可能是老奸巨滑地吃掉魚餌就逃走，也可能是勾住魚鉤而被釣上來。「nibbler」指的就是使用「老奸巨滑地吃掉魚餌就逃走」這種手段的商人。日語中並沒有這個單字的同義字。因此，只會說日語的商人無法理解「nibbler」的意思，而讓「nibbler」把魚餌吃掉，再從容地逃跑。反過來想，這樣的日本人也無法成為「nibbler」。猶太商人中有相當多「nibbler」，透過翻譯來和他們談生意，只會成為「nibbler」的魚餌。

不會說英語賺不了什麼錢

另外，只會說日語的人的想法，頂多只能以儒家或佛教精神來展開。因此，偶爾碰到完全沒有儒家或佛教素養的對手時，就無法與對方溝通。嚴重時，甚至不懂得應對方法，而處於進退兩難、不知所措的地步，這樣談起生意來就不會很順利。

如果有志於賺錢，至少要能夠隨心所欲地運用英語。能夠自由自地在使用世界上最困難的日語的日本人，不會說屬於簡單語言的英語，毋寧說是一件奇怪的事。

我在求學時，英語也很破，這件事在後面會有進一步的敘述。因為我現在精通英語，今天才會有一點點財富，而獲得「銀座的猶太人」這個封號和身為國際商人的地位。

會說英語是賺錢的第一個條件，如果認為英語和金錢是密不可分的也無妨。

12 必須擅長心算

猶太人是心算的天才，在心算速度快之處，存在著他們判斷迅速的祕密。

有一位猶太人參觀日本電晶體收音機工廠，這位猶太人盯著女從業人員的工作情況好一會兒，然後緩緩地抬起頭來問工廠的接待人員：

「她們每一小時的工資是多少？」

這位接待人員就翻起白眼開始計算：「這個嘛……她們的平均工資大約是〇〇萬圓，實際工作天數為二十五天，一天〇千圓，因為一天工作八小時，所以〇千圓要除以八，一個小時是〇〇圓，〇千圓換算成美元，不！應該是換算為分（cent）是……」

在他說出計算之後的答案時，整整花了兩、三分鐘的時間。而猶太人聽到月薪是〇〇萬圓時，馬上就說出：「這麼說來，一個小時大概是〇美元左右。」工廠的接待員說出答案時，那位猶太人早已從女作業員的人數、生產能力和原料費等，算出每一台電晶體收音機能夠賺取的利潤。

由於心算速度快，所以猶太人能夠迅速地下判斷。

13 一定要記筆記

猶太人不管在什麼地方，有重要的事情一定要記筆記。這個筆記對他們做出正確的判斷不曉得有多大的幫助。

雖說是記筆記，猶太人也並非老是拿著筆記本走來走去。以前的猶太人的筆記本是以香菸的空盒來代替，他們在購買香菸之後，會立刻把香菸拿出來，裝入自己的菸盒內。但是並沒有把香菸的空盒子丟掉，而是放入口袋內。

談生意中偶爾需要記錄時，猶太人就把香菸空盒拿出來，把備忘的事情寫在內側，事後他們會把這些內容整理在筆記本上。用香菸空盒當作備忘紙，證明了猶太人在猶太人經商法上不容許模稜兩可、含糊不清的字眼。因為就算能夠迅速而確實地下判斷，如果重要的日期、金額、交貨期等含糊不清的話，也是無濟於事。

日本人有一種不好的習慣，就是把重要的事情當做耳邊風，往往記得不是很清楚地湊合過去，卻若無其事地說：

「根據當時的談話，交貨期大概是〇月〇日，還是〇日？」

有時還會裝糊塗，故意說得含糊不清。

但如果對方是猶太人，這種方式就不管用。如果辯解說：「啊！是我誤會了，我明明記得是〇日。」就已經太遲了。因為這樣一來，不見得不會往與毀約、不履行債務有關的請求損害賠償的方向發展。

在猶太人的經商法中，不容許含糊其詞的態度，更不能有誤解對方意思的情況發生。即使是瑣碎的事情，也必須不怕麻煩地記筆記。

14 精通龐雜而不成系統的學識

與猶太人交往之後，就會深知一點：猶太人是「雜學博士」。

所謂「雜學」，就是龐雜而不成系統的學識，並且不是膚淺的知識，而是博學。與猶太人一起用餐時，他們的話題涉及政治、經濟、歷史、運動、休閒娛樂等各種領域，學識之豐富，令人驚歎不已。

事實上，猶太人也非常瞭解與做生意完全無關的知識。即使是關於棲息在大西洋海底的魚類名稱、汽車的結構、植物的種類等各方面的知識，也與專家的程度沒什麼兩樣。

這種廣博的知識擴大了猶太人的話題，當然也豐富了他們的人生。不過，對身為商人所下的確實判斷，其助益實是不可估量。龐雜而不成系統的學識開拓了猶太人的視野，由於猶太人的視野寬廣，所以才能夠做出正確的判斷。

以往「商人只要會打算盤就可以了。」日本人的這種觀念，顯示出日本人的視野是多麼的狹窄！

與猶太人的經商法相差得多麼遙遠，這種觀念當然需要重新檢討。

只能從一個角度來看事情的人，即使身為人類，也不過是半個人的份量，做為一位商人來講，更是不夠資格。

解決矮小自卑感的方法

很多日本男人深為自己的矮小而煩惱，日本女人則對自己的乳房小而感到自卑。猶太人不喜歡談猥褻話，偶爾談到那種事時，就會若無其事地說：

「不可以從上面看下來，不妨從正面去照鏡子。矮小的自卑感或乳房小的自卑感，都會化為烏有。任何事情都一樣，應該改變角度來看，有時從上面看，有時從下面看，也可以從側面看、後面看……」

15 不要把今天的爭吵帶至明天

猶太人一坐上談判桌，總是笑咪咪地一團和氣。

在晴朗的早上會高興地說：「Good morning.」

即使是陰天，也一樣十分親切地說：「Good morning.」

然而，一旦進入商業談判的主題時，通常都遲遲沒有進展。

特別是與金錢有關的商定，猶太人總是非常詳細而顯得囉嗦。一分一厘的利潤也都要錙銖必較，就是連小小的契約格式，也會爭辯得面紅耳赤，有時還會演變成激烈的爭吵。

猶太人絕對不認同日本人所擅長的「馬馬虎虎主義」。只要是意見有所分歧時，必然會徹底地進行討論，看看誰的意見比較妥當。因激烈爭辯而相互謾罵的情況，也不是罕見之事。與猶太人談生意，大概沒有一天就能搞定的。

第一天，大多是互不讓步，不歡而散！

過去我也與猶太人激辯過好幾次，不知有多少次與他們吵到不歡而散。

在那種情況之下，日本人就會中途停止商談，或者就算不停止談判，也會經過相當長的一段冷卻時間，才好意思與曾經吵過架的對方見面。

然而，猶太人在與你不歡而散的翌日，見到你時卻仍顯得若無其事，笑咪咪地說道：「Good morning.」

以我們的情況來講，因為前一天與對方吵架，氣惱的心情當然無法平息。所以見到對方時不是啞口無言，就是覺得困惑，有如遭到襲擊一般，感到非常意外。

「洋鬼子！什麼Good morning？難道這個蠢蛋已經忘掉昨天那檔子事了？」我竭力忍住想要斥罵對方的心情，努力偽裝出心情很平靜的樣子把手伸出去，可是內心澎湃的心情卻無法平息下來。

如此一來，就與陷入對方的圈套沒什麼兩樣，敵人彷彿看穿自己內心的動搖，一面嗤笑著，一面掌握著主導權，猛烈地進攻過來。

情勢至此，只能倉促應戰，等到發覺時，已經照對方的意思接受他的條件了。

支撐「忍耐」的邏輯

如果讓猶太人來說，他們可能會這麼說：

「人類的細胞時時刻刻都在變化，每天都是新的細胞。因此，昨天吵架時的細胞，今天早上已經換成新的細胞。即使是吃飽的時候和餓得受不了的時候，想法也不會一樣，我只是在等待你細胞的改變。」

猶太人從兩千年來遭受迫害的歷史中，累積的忍耐力絕不會白白糟蹋，他們創造出一邊忍耐，一邊攫取應該獲得之物的猶太人經商法。

「人類會改變！人類改變的話，社會也會跟著改變。社會改變之後，猶太人也一定會復興起來。」

這是猶太人從兩千年的忍耐當中獲得的樂觀主義，也是從猶太人的歷史當中產生出來的民族精神。

16 與其忍耐，不如放棄來得有利

猶太人會非常有耐心地等待對方改變。但相反的，如果知道不划算時，不要說是三年，甚至連半年都無法等待，就會撒手不幹。

猶太人在決定將資金、人力投入某一樁生意時，會準備一個月後、兩個月後和三個月後的三套不同藍圖。

經過一個月後，如果事前的藍圖和實際業績有相當大的差距時，也不會露出不安的神情，或是顯現出意志動搖的態度，他們會一個接一個地投入資金和人力。

經過兩個月後，即使第二套藍圖和實際業績之間有差距，猶太人也只會進行補強的投資。

問題是第三個月的實際業績。到了第三個月，若情況沒有按照藍圖那樣發展，只要預估將來生意不會好轉，猶太人馬上就會斷然地撒手不幹。

撒手不幹意謂著放棄過去所投資的一切資金和人力。即使到了這種地步，猶太人也是泰然自若、面不改色。

雖然生意無法順利進展，但猶太人認為「撒手不幹」可以不必背負一些無用的東西。因此，與其愁眉苦臉，不如露出輕鬆愉快的表情。

猶太人在最惡劣的情況下，會事先預測三個月內投入的資金是否有助於事業的發展。他們的想法是：由於是用容許範圍內的預算來決勝負，所以用不著愁眉不展、想不開。

達摩不懂得做生意

然而，日本人如果碰到這種情況，就會大驚小怪地叫道：「好不容易做到現在這種地步，再撐一下……」

「做到這種地步要是現在放棄的話，三個月的辛勞不就歸於泡影了嗎？」

於是，日本人就會懷著割捨不下的心情，忐忑不安地繼續做下去，結果越陷越深，遭受到無法東山再起的損失。

日本人有一些諺語，「桃栗三年，柿八年才會結果」、「達摩面壁九年」、「堂前高椅輪流坐，媳婦也會熬成婆」等等。一般人認為日本人成功的最大因素，就是耐心強，不斷地努力所致。但是想要和猶太人的經商法較量，門兒都沒有。長達兩千年忍受迫害的猶太人，比起動不動就切腹自殺的日本人來說，是更需要有耐力的，而這麼有耐力的猶太人也只能等三個月。

不要忘記一點——「與其忍耐，不如放棄來得有利！」

17 董事長應該創造「賺錢的公司」

過了三個月之後，猶太人在確定無法賺錢的情況下，就會乾脆從那樁生意中撤退。他們對自己流血流汗所創立的公司，不會有一點割捨不下的感傷。身為猶太商人，完全瞭解「禁止對生意有所感傷」的道理，猶太人所相信的只是三個月來的數據資料，個人的感情完全沒有計算在內。如果是為了想賺錢而做生意，就必須完全貫徹「合理主義」。

猶太人就連對自己所經營的公司，也會為了賺錢而毫不猶豫地轉讓給別人。在猶太人的經商法中、只要能夠產生高利潤，就連公司也是一個絕佳的商品。

我看過，也聽過好幾個例子，猶太人白手起家，辛辛苦苦建立公司，在不斷地努力下，總算成為業界舉足輕重的公司。但只要碰到好時機，猶太人也會不惜地將公司拱手讓人。猶太人經商法的原則之一，就是「在公司經營情況良好，有賺錢的時候，就是以高價脫手的好時機。」

猶太人以創立好業績的公司為樂，也以賣掉該公司賺錢為樂，更以創立賺錢的公司為樂。猶太式的「公司觀」，就是高價轉售自己的公司。所謂公司，不是愛戀的對象，而是賺取利益的工具。因為猶太人擁有冷靜的「公司觀」。

由於這個緣故，猶太人絕對不會愚蠢地豁出自己的生命，死守一個不賺錢的公司。猶太人經商法中有一句金玉良言——「死在辦公室內」，這句話的意思是指「賺錢賺到死，在死之前做生意也不歇手」，一點也沒有「死守公司」的含意。

因為「罹患結核病」的關係，而成為世界第一的皮箱廠商

S公司在今天已經成為旅行箱的代名詞，該公司旅行箱的營業額之所以能在今天號稱全世界第一，是因為董事長「罹患結核病」的關係。

不用說，那位董事長當然是猶太人。

S公司創業之初，總公司設在芝加哥。芝加哥的空氣品質非常差，S公司的董事長在偶然的情況下得知自己得了肺結核，主治醫生建議他前往南部進行「轉地療法」。於是，S公司的董事長斷然地賣掉公司，遷至美國南部。可是他在南部落腳之後，並沒有全心全意地靜養，而是在那裡建立了工廠，重新生產旅行箱。

無論是毫不留戀地賣掉芝加哥的公司，或是在南部建立工廠，都忠實地貫徹猶太人「死在辦公室」這種成規的態度，顯示出他是個道道地地的猶太人。正因為他忠實地實行猶太人經商法，所以才會成為世界第一的旅行箱大王。

18 契約是與上帝的約定

猶太人號稱為「契約之民」。因此，猶太人經商法的精髓就是「契約」。猶太人一旦訂定了契約之後，不管發生什麼狀況都不會毀約。因此，也嚴格要求與他訂立契約的對方要履行契約，猶太人不允許契約中有含糊其詞的字句，也不允許對方對契約等閒視之。

正如猶太人號稱為「契約之民」一樣，猶太人所信奉的猶太教也稱為「契約的宗教」，在《舊約聖經》中有「上帝和以色列人民訂立契約書」的記載。

猶太人相信：

「人類之所以存在，是因為和神訂立存在的契約，所以才能存活下來。」

猶太人之所以不違約，是因為他們與上帝訂立契約。由於是與上帝的約定，所以不能加以違背。

「人類的契約也和上帝訂立的契約一樣，不可違約。」猶太人這麼說道。

因此，猶太商人並沒有「不履行債務」這句話。如果對方不履行債務，猶太人會嚴格地追究責任，毫不留情地提出損害賠償的要求。

19 契約也是一種商品

如果能夠賺錢，猶太商人也會把自己的公司當作商品來銷售。所以，屬於與上帝之約定的「契約」，猶太人也會毫不在乎地賣掉。

在猶太人的經商法中，就連公司和契約書都是一種「商品」。或許讀者很難置信，但確實有專門收購契約的猶太人。這是「購買契約，轉賣契約以賺取利潤」的生意。他們所購買的契約，當然只限於由信用卓著的商人所簽訂，不會發生安全上之問題的契約。

這種精明能幹，靠收購別人的契約，安全無虞地賺取利潤的商人，英語稱為「factor」。日本沒有「factor」這種生意，也沒有適當的日語翻譯。「factor」這個字一般譯為「仲介」或「代理商」。可是，這兩種譯文都不是很貼切。

而且，貿易商或多或少都會與「factor」接觸，日本的大貿易公司也不例外。尤其是貿易公司派駐於國外的職員，幾乎可以說都與「factor」有關。

猶太人的「factor」也曾經來到我的公司。

「你好！藤田先生，你現在在做什麼呢？」

「我現在正與紐約的高級婦女用皮包商簽定十萬美元的進口契約。」

「哦！很好，你能不能把那個權利讓給我，我用現金付你兩成的利潤。」

「factor」談生意非常乾脆，很快就提出條件。我也很快地在心中計算利害得失，隨即同意以兩成利潤將權利賣給對方。

「factor」立即拿著契約飛往紐約，見了皮包商就宣布：

「藤田先生的一切權利，今後就由我來處理。」

我收取了兩成的現金利潤，「factor」也用高級婦女用皮包賺了一筆。

日本是「契約落後國」

由於「factor」不是自己去簽訂契約，所以不是很有信用的商人所簽訂的契約就不購買。我也想試著去做「factor」看看，但因為日本的業者非常不擅於遵守契約，常常發生不履行債務的情況，到時被迫請求損害賠償就很麻煩，所以我也不敢下定決心去淌這個渾水。

從這層意思上來講，日本商人簽訂的契約可能無法成為商品。因此，在正式的契約交易方面，日本算是落後國。

20 拖住上吊者的腳，收購倒閉的公司不是猶太人的經商法

看起來與「factor」相似，但性質完全不同的是「專門收購倒閉公司的業者」。一般人往往認為「收購倒閉的公司」是猶太人的經商法，其實不然。

以下就來介紹他們所使用的手法：

專門收購倒閉公司的業者到處尋找即將倒閉，或剛倒閉沒多久的廠商，就像妖怪一樣，襲擊那家公司，然後以冷酷的姿態壓低價格向對方購買。

即將倒閉的公司老闆一心想要減少負債，哪怕只是一點也要盡力爭取，所以只好無奈地答應「專門收購倒閉公司的業者」的要求，以低價賣給對方。為了延緩倒閉的日期，只好全面接受對方的條件。但結果還是一籌莫展，宣告倒閉。

「專門收購倒閉公司的業者」在準備收購即將倒閉的廠商時，還是會大獻殷勤，說盡好話。一旦時機成熟之後，這些惡劣的傢伙就會耍手段，讓過去他們所覬覦的公司或廠商倒閉。

我也曾經中了「專門收購倒閉公司之業者」的圈套，而直接向當時的美國總統

甘迺迪上訴，關於這件事情，以後我會詳細加以敘述。

專門收購倒閉公司的業者非常熟悉日本廠商的情況，一旦有公司經營陷入困境時，消息在三個小時之後就會傳到紐約。在我還不知情的情況下，紐約專門收購倒閉公司的業者就透露消息給我，有幾次讓我感到訝異不已：

「藤田先生，你的供貨廠商已經倒閉了對不對？你向該公司採購的產品，就由我們來處理吧！」

21 「國籍」也是賺錢的手段

擅於賺錢的人可以不把手弄髒。典型的代表不是「factor」，也不是專門收購倒閉公司的業者，而是以販賣收據，取得10％利潤的「收據商」。我的朋友羅恩斯坦先生，他就是不用弄髒手，每個月有巨額收入的代表性猶太人。

羅恩斯坦先生在紐約帝國大廈前擁有一棟十二層樓的大樓，他在那裡開設辦公室，國籍是列支敦斯登（Liechtenstein，歐洲西南部的內陸國家，介於瑞士與奧地利之間，首都瓦都茲），總公司也位於列支敦斯登。

雖說如此，羅恩斯坦先生的祖籍並不是列支敦斯登，他的國籍是買來的。當時購買列支敦斯登這個國家的國籍的訂價是七千萬日圓，以後不管有多少收入，每年只要繳九萬日圓的稅金即可。不管是窮人或富翁，稅金一律是九萬日圓，不會以任何名目來收取稅金。

因此，列支敦斯登是全世界富翁嚮往的國家，想要購買國籍的人都蜂擁而至。但是，這個人口才一萬五千人的小國家不會輕易把國籍賣給其他國家的人。

羅恩斯坦先生就是買到列支敦斯登國籍的男子，他是一位無孔不入的人，能夠購買到該國國籍自然是不用說。

牽著大企業的鼻子走

羅恩斯坦先生最初注意到的是，世世代代在奧地利製造玻璃製仿造鑽石的丹尼爾．史瓦洛斯基家族，該家族是奧地利的名門世家。其創立的公司以日本的情況來講，就是類似新日鐵那種規模的公司。

史瓦洛斯基公司在第二次世界大戰中，奉納粹黨的命令為德軍製造望遠鏡等軍需物資。大戰後，法軍打算以此為理由沒收該公司。羅恩斯坦先生當時是美國人，他獲知了這個消息後，立即與丹尼爾．史瓦洛斯基家族交涉。

「我可以替你們和法軍交涉，不要讓法軍接收你們的公司，條件是在交涉成功之後，你們把公司的銷售代理權讓給我。在我活著的時候，給我營業額的10％，你們覺得怎麼樣？」

史瓦洛斯基家族對這個太會打如意算盤的猶太人所提出的條件大發雷霆。但冷靜思考之後，深知自己已經陷入為了解救燃眉之急而顧不了其他的狀況之中。

結果，史瓦洛斯基家族接受了羅恩斯坦所提出的條件。羅恩斯坦立即前往法軍司令部，鄭重其事地提出申請：「我是美國人，姓羅恩斯坦，方才史瓦洛斯基已經屬於我的了。因此，那家公司是美國人的財產，我拒絕法軍任意的接收。」

法軍啞口無言，既然是美國人的財產就無可奈何，因此打消了接收該公司的念頭，不得不聽從羅恩斯坦先生的主張。

其後，羅恩斯坦先生沒有花半毛錢，就取得了史瓦洛斯基公司的銷售代理權，而成立了銷售代理公司，拚命地賺起錢來。

羅恩斯坦先生成為巨富的資本

過去我曾經好幾次到紐約造訪羅恩斯坦先生，我將來意告訴大樓的櫃檯人員，於是對方就帶我到電梯門口。搭上電梯，門開處就位於羅恩斯坦先生的辦公室內。辦公室內只有羅恩斯坦先生和打字小姐兩個人。女打字員在上班期間就是不斷地打字，打一些發給全世界服飾品商的賬單和收據，這是她一天的工作。

羅恩斯坦先生建構財富的資本，就是「美國國籍」。他以美國國籍為資本，和史瓦洛斯基家族訂立契約。而且在他不需要美國國籍這個資本時，就馬上換成「列支敦斯登」國籍，每年只要繳九萬日圓的稅金即可。

這就是猶太商人的做法！

22 光是稅金的部分就可以讓自己賺更多的錢

猶太人之所以想要購買列支敦斯登的國籍，是因為稅金低廉。對大筆大筆賺錢的猶太商人來說，稅金是不能忽視的問題。

但是，猶太人並不會逃稅。從某種意義上來講，稅金是與國家訂立的契約，對不管發生任何情況都會遵守契約的猶太人來說，逃稅乃是違反與國家訂立的契約。

他們絕對不會像日本人那樣，有時雇用會計師來幫忙逃稅。

不斷遭受迫害的猶太人認為支付稅金的約定，讓他們獲得該國的國籍，因此他們嚴格遵守繳交稅金的義務。

雖說如此，猶太人也不是毫不吝惜地被扣稅金。既然要繳交稅金，就要做與繳交稅金相平衡的生意。

換言之，猶太人在計算利潤時，會先扣除稅金部分後再計算利潤。估計有賺頭時，才接下這筆生意。日本人在提到「這有五十萬日圓的利潤」時，日本人指的是「含稅」的利潤。相對的，猶太人所說的利潤，指的是「稅後」的利潤。

「這筆生意我想獲得十萬美元的利潤。」當猶太人這麼說時，該十萬美元是不包含稅金在內的。如果一筆生意的稅金佔利潤的5％時，猶太人在這筆交易上所獲得的利潤，以日本人來講，就是二十萬美元。

累進徵稅是萬惡的根源

到國外旅行的人有時會想悄悄地帶回在國外購買的鑽石，有些人也確實這麼做，但卻在海關被攔了下來。依我看來，為什麼不付稅金，光明正大地走進來呢？實在叫人百思不解！

鑽石等原礦的物品稅頂多是15％，支付15％的物品稅就可以把鑽石帶進來。購買鑽石時，如果向對方殺價殺個15％的話，應該就可以取得平衡。

日本人似乎連這麼簡單的計算方式都不會。

儘管如此，若讓筆者補充一句話，我會說：

「其實現在的日本稅法違背了憲法。」

雖然「法律之前人人平等」，但政府卻單方面地要老百姓接受累進稅率，無論如何都是違憲，難道我的想法有錯嗎？

收入多，是因為比別人辛勞好幾倍工作。對這些勞心勞力，努力賺錢的人，施以累進徵稅，無論如何，我都不能同意。

外國公司的董事長以該公司上班族平均月收入的五十倍為標準。

日本的董事長因為累進徵稅的關係，收入僅能糊口，沒有比這件事情還要可悲的事。我自己是個低收入的董事長，如果把薪水定得太高，大部分都進了稅務局。想到這裡，就打消想要支領高薪的念頭。雖然我真的很想支領高薪，但在取得列支敦斯登國籍之前，我只能忍受累進徵稅這種苛徵雜稅。

依我看來，累進徵稅正是萬惡的根源。

23 時間也是商品不要竊取時間

猶太人的經商法有一句格言——「不要竊取時間」。這句格言與其說是能夠讓人立刻賺錢的格言，不如說是解釋猶太人經商法規矩的格言。「不要竊取時間」是勸戒猶太人即使是一分一秒，也不要竊取別人的時間。

正如字面上的意思，猶太人認為「時間就是金錢」。一天八小時的上班時間，他們總是抱持著「一秒鐘賺多少錢」的心態來工作。

即使是打字員，在下班鈴聲響起時，就算明明知道只剩下十個字就可以把文件打好？也會停下工作而下班回家。

對貫徹「時間就是金錢」想法的他們來講，時間遭到竊取就是他們的商品被偷竊，也好像是他們金庫內的金錢遭竊一般。

假設有一位猶太人月收入是二十萬美元，他一天的薪資是八千美元，一小時可以賺取一千美元，一分鐘差不多可以賺到將近十七美元。在上班的時間內，連一分鐘都不能浪費在與無聊的人見面上。以這位猶太人來講，如果他與無聊的人見面五分鐘，就是被對方竊取了五分鐘，也就是說，被偷竊了八十五美元的現金。

24 不速之客與小偷沒什麼兩樣

我有一位朋友任職於某著名百貨公司的宣傳部，他非常有能力。他曾經為了進行市場調查和考察而前往美國，順道去了一趟紐約。當時他希望能夠有效地利用可以自由支配的時間，於是就到猶太人開的百貨公司參觀。

由於是特意前來、所以他想見見該百貨公司的宣傳部主任之後再回去。

他走到櫃檯向小姐說明來意，櫃檯小姐面露微笑地問道：

「先生，請問您預約的時間是什麼時候？」

我那位才能卓越的朋友聽到對方這麼一說，頓時驚訝地翻白眼。但隨即回過神來，馬上鼓起如簧之舌，告訴櫃檯小姐自己是日本百貨公司的職員前來美國考察，希望有幸能夠謁見該公司的宣傳部主任云云。

「先生，非常抱歉！您沒有事先約定，恕難從命。」

就這樣，他吃了閉門羹，只得悻悻然離去。如果是在日本，對方應該會極為賞識這位遠道而來、並主動前來拜訪的同業。

儘管未經事先聯絡就想與對方見面是沒有常識的做法，可是以我那位朋友的情況來說，在日本一定會因為工作投入而受到讚譽，大概不會因為沒有常識而受到指責。而且對方想必還會這麼想：「真是佩服，現在年輕人的工作態度值得鼓勵。」

可是，這種富有人情味的言行卻不適用於以「不要竊取別人時間」為座右銘的猶太人身上。他們絕對不接受沒有事先約定的不速之客。

「我剛好到這附近，所以就順道前來拜訪……」

「久未謀面，特來拜訪……」

說出上述這些話的不速之客對猶太人來說，是只會造成困擾的討厭鬼。

日本有一句格言——「看到陌生人就認為對方是小偷。」

猶太人的經商法則中認為——「不速之客就是小偷。」

25 應取得事先的約定

因此，在商壇上不可或缺的是「從幾月幾日幾點起，幾分鐘內」這種事先約定。事先約定與對方見面，如果對方將原本會面的時間從三十分鐘縮短為十分鐘時，就要自我警惕了。因為對方認為與自己談論的事情不值得花費三十分鐘，頂多只值十分鐘，所以才會把時間縮短。

如果是十分鐘還算好，猶太商人還會若無其事的指定會面時間為五分鐘或一分鐘。因此，在約定的時間內不能遲到固然不用講，也不容許談話超過約定的時間。對方一進入辦公室，打聲招呼後就立即進入商談是猶太人的禮儀。

「哈囉！早安，今天天氣真好。已經入秋了，氣候還真不錯，到了秋天就讓人想到鄉下。對了，您府上哪裡？……哦！原來是在××。真巧，我嫂嫂的弟弟也住在那裡……」

就算你嫂嫂的弟弟和他同鄉也無濟於事，套用猶太商人的話來講：「所謂商談，就如同利用快車錯車的短短時間內相會。」如果忘記彼此正在分秒必爭的疾行路途上，那麼就無法成為猶太人談生意的對象。

26 有「未決」的文件是商人的恥辱

猶太人在前往公司上班之後，大約有一個小時是「dictat」時間。在這段時間內，整理前一天下班後至今天來公司之間寄來的商業書信，並且打回函。如果提到「現在是dictat的時間」，在猶太人之間就是公認的「拒絕干擾」。猶太人在結束「dictate」的時間之後，會喝杯茶，然後開始處理當天的工作。不管有什麼事，在「dictat」的時間內，不可能與猶太商人會面。

猶太人之所以會重視「dictat」，是因為他們以速戰速決為座右銘，他們認為前一天的工作留待今天解決是一種恥辱。

精明能幹的猶太人桌上不會有「未決」的文件，據說要曉得那個人有沒有才能，只要看他桌上的東西就能夠瞭解，原因就在這裡。

這種看法和日本大不相同，日本的公司職位越高，「未決」的文件就堆得越高，「已經解決」的文件箱則是空空如也。

第2章

我自己本身的猶太人經商法

27 取個容易賺錢的名字

我的姓名是藤田田，田這個字似乎相當難發音，日本人一看到這個字，都會歪著脖子想半天。其實，只要率直地讀出「den」就可以了。但日本人總是喜歡把事情想得很困難，不發出「den」的音，卻「嗯……」地哼不出來。

因此，我最近在名片上印上「請發『den』的音」。

然而對外國人來講，「fujitaden」這個名字很容易叫，可以毫不猶豫的說「Hello, Den」，至少比「×野×兵衛」或繼承傳統商家的「×屋×右衛門」更好記，更好叫。雖然我是道道地地的日本人，但全世界的猶太人都稱呼我為「銀座的猶太人」，而且連絕不相信日本商人的猶太人都把我當成自己人看待。

貿易商必須要取一個外國人容易稱呼的名字。不僅是貿易商，想要做地球村的居民，就應該取一個外國人容易親近的姓名，這是我一貫的主張。

熱中於字畫，在上面題上自己的姓名也不能說是一件壞事。但如果想要讓子孫能夠賺大錢，取個外國人容易叫，而且容易記得、會賺錢的名字，將來比較容易讓子女們感謝。

28 用金錢去對抗受到的歧視與猶太人經商法的邂逅

我對猶太人感興趣，是在一九四九年。當時我在位於皇宮前的第一人壽保險大樓的盟軍總司令部（G・H・Q）打工，擔任通譯的工作。由於在司令部工作，我發覺到一群奇怪的傢伙，他們不是軍官，卻有專屬的日本女人（情人），開著車四處閒逛，過著比軍官還要優渥的生活。我開始不露痕跡地觀察這群過著奢侈生活的阿兵哥。心裡想著：

「為什麼一個小阿兵哥，能夠過著如此優渥的生活呢？」

奇怪的是，那群傢伙雖然同樣是白人，但在軍中卻受到輕視和厭惡。其他阿兵哥在背後以非常厭惡而不屑的口吻稱呼他們為「勾細」，這個字在英語中是指「猶太人」的意思。

有趣的是，大多數的GI（美國兵）雖然輕視猶太人，但在猶太人面前卻抬不起頭來。猶太人把錢借給喜歡玩的戰友們，然後再收取高額利息，在發餉日毫不留情地要債，GI們在猶太人面前抬不起頭來的原因就在這裡。

猶太人雖然遭到輕視，但卻蠻不在乎。不但沒有愁眉不展，反而把錢借給輕視自己的傢伙，用金錢實質上征服對方。猶太人雖然受到歧視，卻不發半句牢騷而堅強地活了下來。不知道從什麼時候開始，我開始對他們產生好感，於是不但不避開猶太人，反而去親近他們。

當外交官的夢想和挫折

我出生於大阪，但不是大阪商人的兒子，家父是電力工程師，所以我一點也沒想過要從事貿易來追求成功。

從小我就想當外交官，鄰居栗原先生就是一位外交官。我經常到他家玩，成為栗原先生那樣的外交官是我的夢想，有一次我把我的夢想說給栗原先生聽。

「你絕對無法成為外交官！」栗原先生當場毫不留情地回答。

我心裡感到不快，生氣地問道：「為什麼？」

「你那種大阪腔不能當外交官，外交部有個不成文規定，說大阪腔的人不能當外交官，必須是東京腔才行。」栗原先生以憐憫的眼神望著我說道。

我當外交官的夢想剎那間頓時粉碎，化為烏有。

由於大阪腔是個無法改變的事實，大阪人就好像是猶太人那樣，一生下來就受到歧視，為了反抗別人對自己的歧視，大阪人有一種東京人所沒有的牛脾氣。

歧視有兩種——一種是因為對方比自己低劣而產生的「優越感」；另外一種是因為對方比自己優秀而產生的「恐懼感」。美國大兵歧視猶太人，是害怕猶太人把所有的錢席捲一空的恐懼心理而產生的歧視。

同樣的道理，東京人歧視大阪人，是因為東京人做生意敵不過大阪人。不管是百貨公司的「大丸」、銀行的「三和銀行」或「住友銀行」，甚至連電影全部都是由關西向東京進攻的業者。從東京往下進攻而成功的買賣一樁都沒有。

我覺得這和歷史的悠久與否有很大的關係。歷史悠久的國家發生愛戀、受騙、吵架、結婚等重複的情節比歷史淺短的國家還要多，歷史悠久的民族對於重複產生的各種狀況所引起的問題，會比較深入地思考，並且採取最佳的方法來解決。所以歷史淺短的國家無論多麼努力，都拼不過歷史悠久的國家。

歷史短暫的美國人會受到擁有五千年歷史的猶太人任意地玩弄於股掌中，也是理所當然的事。只有四百年殖民地歷史的東京人，當然敵不過自仁德天皇以來，擁有兩千年歷史的大阪人。

因此，東京人一時氣憤說出不合情理的話，並且故意找喳，指出有大阪腔的人不能擔任外交官。我們又不是用大阪腔說英語，為什麼大阪人不能當外交官？關於這一點，我不知道東京人該作何解釋。總之，就是因為這個緣故，我不得不放棄當外交官的夢想。

向猶太人偷學堅強的意志

我在擔任盟軍司令部的通譯時，是東京大學法學院的學生。當時父親已經過世，母親一個人留在大阪，我必須打工賺取生活費和學費。由於戰敗的關係，過去的哲學、道德、法律等一切價值體系遭到了破壞，思想一片混亂，日本人完全失去了精神上的支柱。

那時留在我心中的，就只有大阪人獨特的「不服輸」的脾氣，或許我們輸了這場戰爭，但我不想敗給社會的混亂和饑餓，就連佔領軍我也不想輸給他們。在我擔任通譯之初，我的心情是：「反正要打工，就進入敵人的陣地去打工吧！」

雖然我說得一口破綻百出、蹩腳的英語，但由於我曾經立志要當外交官，所以對於自己的英語能力勉強還有些自信。

而且比起其他的打工工作來講，通譯的報酬要優渥得多。在打工工資一個月三、四百日圓為一般行情時，通譯一個月的工資是一萬日圓。由於比一般報酬高，我當然覺得很高興。

我一方面品嚐到「身為戰敗國的人民，又是黃種人」這種受到歧視的痛苦滋味，一方面開始從事通譯的工作。

在我遇到猶太人之後，深深被他們強韌的生命力所吸引，或許存在於背後還有許多複雜的因素，但多半與我是天生就有一口大阪腔，注定必須受到歧視的大阪人有關。雖然猶太人受到百般歧視，但他們卻默默地用錢征服了同袍，這是值得我學習的地方。

猶太人的堅強意志，從戰敗後所有的心靈憑藉遭到摧毀的我看來，似乎暗示著我今後繼續生存下去的方向。

29 所謂軍隊，就是賺錢的地方

我在盟軍司令部打工時，第一個和我親暱起來的猶太人是一位名叫威爾金森的班長。威爾金森也是收取高利息，把錢借給發薪前已經瀕臨破產的同袍。借出去的錢在發薪日一到，馬上毫不留情地催收，如果無法回收借款時，他就搶奪對方的配給物資作為借款的擔保和利息。搶奪得來的配給物資立即用高昂的價格轉賣出去。由於他是這樣的男子，所以威爾金森的口袋裡總是有大把大把的鈔票。

當時美軍班長的薪水大約是十萬日圓左右。然而，威爾金森卻購買了兩輛汽車，每輛汽車的售價大約為七十萬日圓。而且他在大田區的大森一帶包養了一名妓女，任何一名軍官都不見得包養得起。每逢假日，他就帶著那名妓女優閒自在地前往箱根、伊豆和日光等地兜風。他的階級雖然只是一名班長，但卻過著比上級軍官還要優渥的生活。

我悶聲不響地觀察著威爾金森的做法，並且將猶太人用金錢支配周圍的人之過程深烙在腦海裡。不知不覺中，我就進入了在猶太人商人底下實習的階段。

實習猶太人經商法的時代

如果只憑軍中發的薪水，威爾金森班長根本就沒辦法過著這種奢華的生活。除了軍中正規的工作之外，他還從事貸款業務。如果沒有兼營副業，實在沒有多餘的錢供他揮霍。

因此，我也與司令部中的猶太人合作，開始做起副業來。我並非對自己一萬元的月薪感到不滿意，但收入多絕對不是一件不愉快的事。

我的容貌像中國人，如果帶上墨鏡，穿起進駐軍的服裝時，從任何一個角度來看，都像是華裔美國人。

大阪腔是我受到歧視的原因，只要將大阪腔故意講得蹩腳一點，就能夠形成怪腔怪調的日語。當時穿著進駐軍的衣服做什麼事情都很方便，到處吃得開。在我做副業時，就成為華裔美國人「珍先生」。

除了威爾金森班長之外，司令部中還有幾名猶太人，我一個接一個地和他們熱絡起來，以成為他們最信任的夥伴「珍先生」而受到重用。以身為「珍先生」來說，我增加了他們賺錢的機會。同時，也實地接受了猶太人經商法的教育。

30 時機決定勝負

一九六一年，我從東京大學畢業，立即掛起了「藤田商店」的招牌。

我最先注意到的是朝鮮動亂的休戰期間酣睡於倉庫內的沙袋。需要處理沙袋的公司必須支付高昂的倉庫租金，所以我判斷，只要有人出來認領的話，對方即使免費奉送也心甘情願，而且我已經盤算好要賣給誰了。

我前往需要處理沙袋的公司，向該公司提出「我可以去認領」的要求。對方要我開個價，我開出來的價格是「免費」，但擁有沙袋的公司都面有難色地說道：

「一袋賣五日圓，十日圓也無所謂，要是我們平白無故地送給你，實在是有點說不過去……」

於是，我以一袋五日圓的價格向他們購買，共買了十二萬個，總金額為六十萬日圓。談妥了這筆生意之後，我隨即去拜訪某國大使館，當時該國的殖民地正陷入內亂狀態。因為我看準了不管是武器或沙袋，某國都渴望能夠買到手。正如我所預料的那樣，某國大使館對十二萬個沙袋頗感興趣，大使希望接見我，親自看看沙袋的樣品。

我立即在倉庫內選好樣品帶至大使館，並且當場談妥買賣。大使館不是以一袋五日圓這種賤價，而是以一般的行情價向我採購沙袋。

過了不到一個禮拜的時間，內亂平息下來，該國再也不向日本購買沙袋了。我以些微之差贏了這樁生意。要是稍微錯過時機，沙袋就無法成為賺錢的商品，而將再次恢復為土塊。

對商人來說，時機就是生命。賺錢或賠錢，端賴時機掌握得好不好。

31 就算損失慘重，也要恪守交貨期

國內外的同業都稱呼我為「銀座的猶太人」，對於這個稱呼，我覺得很滿意，也不忌諱以此自稱。我承襲了猶太人的經商法，將猶太人的經商法作為自己的經商法。基本上，我不但不否認自己是日本人，而且還以身為日本人自豪。不過，以作為商人來講，我覺得能夠當一名猶太商人倒也不錯。

時至今日，各國的猶太人都稱呼我為「銀座的猶太人」，與對異教徒的態度不同，他們都把我當成是自己人。在全世界各地掌握貿易實權的全都是猶太人，我以身為貿易商的身分與各地的貿易商做生意，頂著「銀座的猶太人」這個頭銜，好處實在是無法估計。

不過到目前為止，我受到猶太人欺負、恥笑和譏諷的實例也不勝枚舉。可是，就如同過去猶太人忍受別人對他們的異樣眼光那樣，我也忍受過來了。而在我忍受過最痛苦的一件事情之後，猶太人就稱呼我為「銀座的猶太人」了。

那件讓我成為「銀座的猶太人」，而受到全世界猶太人所信賴的事件，在這裡還是必須寫下來，以便讓讀者瞭解我當時的窘境。

美國石油向我大量訂購刀子和叉子

一九六八年，我接到美國石油向我訂購三百萬套刀子和叉子的訂單，交貨期是九月一日，條件是在芝加哥交貨。我立即委託岐阜縣關市的業者製造。

美國石油是標準石油的母公司。標準石油過去原本沒有母公司，在獨佔美國的油礦之前，由於公司組織龐大化，因此奉美國政府的命令，分為伊利諾標準石油公司、加利福尼亞標準石油公司等六家公司。六家被劃分出來的公司共同出資成立可以稱為是母公司的「美國石油」這個特殊的公司。當然，這家公司是屬於猶太系資本的公司。

屬於石油公司的美國石油公司之所以會訂購與石油無關的刀子和叉子，是因為美國國內掀起了流通革命的關係。

過去在銷售商品上是以百貨公司佔第一位。挑戰此王座，吸引大量消費者的是超市和廉價商店。另外，信用卡公司也跟進。吞食百貨公司市場佔有率的超級市場，也即將遭到信用卡公司的蠶食鯨吞。信用卡公司的做法是，用和超級市場相同的價格銷售商品，而且採取分期付款的方式。

向信用卡領域發展的是石油資本，美國石油所發出的信用卡有一千四百萬張，其中有七百萬人每個月都使用信用卡。為了信用卡的使用者，美國石油必須大量採購廉價商品。

超級市場的特徵是現金買賣，信用卡則可以分期攤還貨款。被奉行「現金主義」的猶太人所支配的石油公司，不用現金買賣而以分期付款的方式展開，乍見之下似乎不合道理，但其背後卻存在著一個內幕。

也就是說，在將商品販賣給信用卡使用者的階段，關於貨款方面已經向銀行領取現金，催收分期付款的款項業務全都是由銀行辦理，說起來也是符合「現金主義」的邏輯。

未能如期交貨

如果要詳細解說的話，可能要花很長的時間，我就簡略地說明一下。製造刀叉的業者集中在關市，而且他們都以從事這個行業自豪。

「藤田先生，你曉不曉得我們這裡是日本的中心，關市的東方稱為關東，西方稱為關西，如果認為東京是日本的中心，那就大錯特錯了。」既然業者都這麼有自信地說了，所以我覺得應該不會延誤交貨期才對。

我估計八月一日從橫濱出貨，九月一日在芝加哥交貨，算來時間非常充裕，應該不會出什麼差錯。

但在尚未出貨之前，我為了慎重起見，就去查看貨品生產的狀況。一看之下，不由得嚇得魂不附體。因為對方還沒開始生產。業者蠻不在乎地說：「現在是農忙時期，所以我還沒上生產線。」

我喋喋不休地責罵對方，對方卻說：「不管交貨期是什麼時候，不能如期交貨本來就是很正常的事嘛！何必大驚小怪呢？」

我實在是秀才遇到兵，有理說不清，於是告訴業者對方是猶太人，非常講信用，絕對不能耽誤交貨期。儘管如此，業者仍舊回答：「稍微延誤幾天，對方也不至於生氣吧！」

波音七〇七的包機費為一千萬日圓

如果貨船八月一日從橫濱駛出港口，那麼七月中旬就必須從關市出貨才來得及。但不要說是七月中旬，業者說那批貨最快也要八月二十七日才能夠完成。想要讓八月二十七日完成的貨品能在九月一日如期交貨，除了飛機之外，別無其他交通工具辦得到。

包租波音七〇七從東京飛往芝加哥，大約三萬美元（當時約為一千萬日圓），銷售三百萬套的刀子和叉子的貨款都還不夠用來付包機費。

儘管如此，我還是咬緊牙地關包下飛機。

與由猶太人支配的美國石油訂定契約，就算賭一口氣我也要如期交貨。猶太人絕對不會相信曾經毀約的人，哪怕只是一次而已。雖然產品延誤不是我的責任，但向猶太人辯解根本就行不通。他們經常掛在嘴上的一句話是「No, explanation 」（不要辯解）。

我即使損失一千萬日圓的包機費，也要避免失去猶太人對我的信任。

我向泛美航空公司包租了波音七〇七，一般人都說泛美航空公司是很會算計的公司，對方果然說：「如果未在十天前用現金支付包機費，我們就不會派遣飛機過去。而且因為羽田機場處於飛機過分稠密的狀態，只能在機場停留五小時，超過五小時，不管貨物堆上飛機與否，飛機都要起飛。」

在這段期間內，我必須將三百萬套的刀子和叉子裝機完畢。

包機在八月三十一日下午抵達羽田機場，並決定在晚上十點起飛，飛往芝加哥。由於時差的關係，即使在八月三十一日晚上十點出發也趕得上交貨期。

所幸我平安無事地把貨品裝入飛機。

哎呀，又來了！

我為了遵守交貨期而包租飛機的事情傳到了對方耳中。如果是在日本，將會傳為一大美談，買主還可能因為感激而願意代墊包機費。可是對方是猶太裔公司，搬出「人情面子」那一套根本就行不通。

對方僅僅如此說道：「很好！貨如期送到了，沒有延誤。聽說你包了飛機，很好！」亦即你的做法，理所當然。

不過，包機使貨品在交貨期之前送到對方手中，我並沒有白白浪費這筆錢。翌年，亦即一九六九年，美國石油再次向我訂購了六百萬套刀子和叉子。

六百萬套是關市自從事刀子和叉子的製造以來，最大宗的訂單，全市的刀叉製造商清一色都是美國石油的供貨商。

可是，這次又來不及交貨。與去年相同，交貨期是九月一日，而工廠無論如何都趕不上七月中旬的裝船期限。

我只好再次包租飛機。美國石油仍舊只是說道：

「很好！貨如期送到，沒有延誤。」

這次，就連我也忍耐不住，邀集了關市的業者請他們幫忙出點包機費。業者似乎也覺得自己多多少少也要負點責任。

他們商量的結果，願意負擔二十萬日圓的費用。

不是兩百萬日圓，而僅僅是二十萬日圓！

我聽到對方這麼說，頓時傻了眼，我花了一千萬，而他們只願幫二十萬！一時之間，我只能嘴巴張得大大的愣在當場！

就這樣取得猶太商人的「執照」

兩次的包租飛機使我損失慘重，可是這些白白花掉的金錢，卻讓我買到了猶太人對我的信任。

「那傢伙是遵守約定的日本人。」這個肯定一個人的消息，轉眼之間就傳入世界各地的猶太人耳中。

「銀座的猶太人」這句話當中，多半還隱含著在日本東京「銀座唯一遵守約定的商人」的意思。

我的猶太人經商法，可以說是從獲得猶太人的信任展開的。

32 遇到不道德的商人，直接向美國總統上訴

在外國的國際貿易商當中，也有不列入猶太商人之範疇的不道德商人，典型的代表就是「專門收購倒閉公司的業者」。過去我曾經上過這種不肖業者的當，當時我就以他們為對手，徹底地戰勝他們。

這場戰爭可以說是決定我是作為一個商人存活下來，還是一蹶不振的關鍵。因為我戰勝了這場戰爭，所以今天才能夠身為「銀座的猶太人」，並獲得猶太人的信任。我和不道德的猶太商人殊死戰鬥的始末如下：

一九六一年十二月二十日，先前和我做過生意的紐約Best of Tokyo公司的老闆馬林・羅賓先生來到了日本，此行的目的是要採購三千台電晶體收音機，和五百台電晶體電唱機。

條件有三點，一是電晶體電唱機要打上「NOAM」的字樣，收音機和電唱機在翌年，即一九六二年二月五日裝船，我的佣金是3％。

專門收購倒閉公司的業者所設下的圈套

我對這樁生意並沒有很大的興趣。第一，裝船出貨的期間太短。第二，傭金太少。以一般的行情來講，至少也要5%。

可是這家Best of Tokyo公司是紐約屈指可數的電晶體製品的進口貿易公司，若能與對方做成這筆生意，將來合作的機會必然很多。

在這個想法之下，我勉勉強強地接下這樁生意。於是，委託山田電氣產業（當時位於東京都港區新橋六之三）來製造。

那時電晶體電唱機的單價是三十五美元。然而，羅賓先生去找山田電氣產業的董事長山田金五郎先生，狠狠殺價殺到三十美元。儘管如此，山田電氣還是按照約定開始上線生產。

Best of Tokyo公司在那一年的除夕夜寄來信用證，但不知何故，訂購品的商品名稱並不是羅賓先生所說的「NOAM」商標，而是「YAECON」商標。「YAECON」雖然是山田電氣的商品名稱，可是目前正在生產的貨品全都打上Best of Tokyo公司當初訂購時所吩咐的「NOAM」商標。

我再三打電話到紐約去，要求對方將信用證上的「YAECON」更改為「NOAM」，因為與信用證記載不符的產品無法出口。然而，Best of Tokyo公司卻始終音訊杳然。

山田電氣在這段期間仍繼續生產，連年底和新年都在加班趕工。在交貨期之前的一月二十四日總算完成了出口檢查，接下來就只要把貨品裝上船即可。可是，對方彷彿早有計劃一般，一月二十九從紐約發出「取消」的電報。

「糟了！那傢伙是專門收購倒閉公司的業者！」

當我腦中浮現這個念頭時，已經來不及了。就算想把這批貨轉賣出去，但打上「NOAM」這個奇怪商標的商品，美國其他進口貿易商是不會接受的。

我急得有如熱鍋上的螞蟻，開始與Best of Tokyo公司交涉，看他們是要接下這批貨，還是要支付更改「NOAM」商標的費用。我之所以被專門收購倒閉公司的業者盯上，是因為這些不道德的猶太商人看我好欺負的緣故。

對方讓我吃盡苦頭，我也不能悶不吭聲地任由對方擺佈。於是，我在心中下定決心：「好！既然對方有意這麼做，我就寫信給甘迺迪總統，直接上訴給他。」

但是，美國總統有六名祕書，要是信到了祕書手上就被攔截下來，不能讓甘迺迪總統親眼過目的話也無濟於事。我把過去所學習到的英語知識全部擠出來，寫了又撕，撕了又寫，整整花了三天的時間，總算寫好一封有信心能夠讓美國總統親自閱讀的書信。

直接上訴故甘迺迪總統的信函

二月二十日，我打好了信函之後，就把信投入郵筒內。

那封信的內容如下：

美利堅合眾國總統

J・F・甘迺迪閣下

您是各國自由民主的貿易擁護者，也是美國國民的代表，能呈遞此信給您，是我無上的光榮。

您是現代世界領導群倫的政治家，是民主主義的實現者，如果貴國國民以完全背德的蠻行造成其他國家國民的困擾和損失，想必您應該會出面主持公道，不會坐視不管。我想請求您幫我解決下述的問題——

我們目前所處的窘境比您二十年前在所羅門海域惡戰苦鬥時，還要艱辛困苦，我們需要您的救援，而且這是因為美國國民不負責任地陷我們於此困局之中的結果。

『關於美國國民毫無理由地取消訂單，本公司要求損害救濟。』

事情極為簡單，並不複雜。Best of Tokyo公司（位於紐約）向本公司訂購三千台電晶體收音機，和五百台電晶體電唱機，總金額為兩萬六千六百美元。儘管我們已經收到信用證，但該公司在沒有任何正當的理由之下取消訂單，使本公司蒙受重大損失。要是美國人遭到日本人這種對待，那麼事情將會演變成什麼情況呢？日本人一定會遭到嚴厲的制裁。

本公司請求Best of Tokyo公司兩千零四十四美元五十分的指定商標更換費，但未受到對方誠意的回答。本事件在法律上顯然是單方面不履行契約，處於文明社會中，必須以法律來爭取，但是以本公司的經濟狀況，不可能付出訴訟的費用。

總統閣下！如果您察覺到瑣碎事情的累積會導致國民相互之間的憎恨，以致引發不幸的國際戰爭時，您應該會勸告上述的Best of Tokyo公司迅速地解決這個問題。

總統閣下！我曉得您日理萬機，非常繁忙，但請給我一分鐘的時間，撥LW4~9166勸告亞加曼先生（Best of Tokyo公司的董事長）要有誠意地解決這樁買賣糾紛。因為日本人不是像牛像馬的動物，而是會流血流淚的人。

總統閣下！如果您掌握了富有正義的政府機關，請指示部屬去處理這件事情，這不會花費很長的時間和鉅額金錢的。

總統閣下！我四千五百位年輕的日本朋友有如惡夢般地身為神風特攻隊之

一員，他們背著炸彈衝撞貴國的軍艦，我們不希望他們白白地犧牲。我想以我們健全的判斷能力來解決可能會引起國際之間憎恨的一些瑣事。

總統閣下！您是第二次世界大戰的勇士，希望您能促進本案早日獲得解決。

藤田田

這封信件我打了兩封，一封寄給甘迺迪總統，另一封送入東京的美國大使館。我堅信白宮的祕書一定會把這封信呈給總統，但也有心理準備，美國總統不會回信給我。

另一方面，在這段期間，山田電氣產業於二月二日寄給我存證信函，要求我收下這批貨。我也是個商人，深知轉賣這些貨品的方法。但如果把這批貨品轉賣掉，問題就會變得難以處理，我不想被猶太商人玩弄於股掌之間，自認倒楣，賠錢了事。而且責任在於Best of Tokyo公司片面取消契約，沒道理要我幫他們擦屁股。

三月中旬，山田電氣產業因為負債九千四百萬日圓而宣告倒閉，他們真的是中了專門收購倒閉公司業者的計謀。

終於打敗沒有道德的商人

在我將上訴信函寄給甘迺迪總統之後過了一個月，即三月二十日，美國大使館找我去。

我立即驅車前往。在抵達大使館時，出來迎接我的官員給我看一封有著紅色蠟封，蓋著美國老鷹標誌的公文。

那位官員對我說：「事實上，甘迺迪總統已經透過商務局長，將你上訴的那個案子轉交給萊夏瓦大使處理。」

我獲勝了！我在心中不由得呼喊著「萬歲！萬歲！」這下子可真是太棒了。

那位官員露出很過意不去的表情說道：「此事件完全是美國商人不對，政府對這件事情也不能干預，只能採取勸告業者的方式。如果業者不遵從，就禁止他們出國旅行。日本人對此事件似乎是忍氣吞聲，今後如果再發生同樣的事情，希望你們不要有所顧忌，儘管提出來。」

貿易商被禁止出國旅行，簡直就像是被宣判死刑一般。雖說是專門收購倒閉公司的業者，也不能不服從政府的勸告。

「不過……」那位官員補充說道：「我們是希望你們能夠毫無顧忌地把問題提出來。不過，最好不要直接上訴總統。」

「哦？謝謝！那我以後就不直接上訴貴國總統了。」我連忙回答。

其實這是我的客套話。我在心裡打定主意，要是專門收購倒閉公司的業者或不道德的商人再小看我，不管多少次，我都會直接上訴美國總統。

經過這兩個事件之後，猶太商人對我重新評估：「即使包機也要趕上交貨期的是藤田，直接上訴美國總統的第一個日本猶太人是藤田。」終於，我獲得了猶太人真正的信賴。

33 要考慮到下一步該怎麼走

我向猶太商人喬治・德拉卡先生購買蠟像館的展覽權，打算在東京鐵塔內開蠟像館。但我周遭的人幾乎全部反對——

「日本人是不會來看不會動的蠟像這種東西的，你幹嘛付那麼高的權利金來搞什麼蠟像館？」

大家都這麼說，擔心我開蠟像館會失敗。

也有人問我：「你是不是有心理準備，前三個月會虧損。」

「我是想藉由蠟像館來打破日本演藝界依然故我的陳腐意識。換言之，過去日本演藝界能夠到處走動的是舞臺上的演員，而觀眾只能被拴在椅子上，靜靜地觀賞。可是，今後的趨勢是觀眾屬於動態，而舞臺上的演員則是屬於靜態的模式。觀眾可以自由自在地在不會動的蠟像四周活動，而且陳列的蠟像都是栩栩如生的歷史人物。觀眾可以充滿感動地走向英雄的身旁，也可以隨自己高興與歷史人物面對面。這種新的嘗試一定會成功。要我有虧損的心理準備，豈有此理，我一開始就要賺大錢，讓大家刮目相看。」

我的意志堅定，也十分有把握。

讓客人走向前來

舞台是「靜」的，客人是「動」的，不是只有演藝界如此。

比方以做生意來講，過去的做法是把商品擺在店內，雇用店員向前來店裡的顧客推銷，結果因高漲的人事費用而吃盡苦頭。

顧客在商品前流動，可以自由選擇商品的超市方式，比較能加快顧客的流動率，人事費用也較為低廉，一般認為優點較多。

顧客是流動的，這是配合現代步調的經商法重點，我不過是考慮到下一步要怎麼走而已。

果然，我的預估沒有錯！蠟像館開幕後深獲大家的好評，以迄於今。正如在超市購買東西一樣，客人也非常高興地在蠟像周圍走來走去。

34 絕對不降價的銷售法 有自信的商品絕對不降價

猶太商人在高價銷售商品時，會運用所有的資料來說明售價高的正當理由，例如靈活運用所有的統計資料、手冊等，就連我的辦公室內也堆了一大堆由猶太人寄來的這類資料。

猶太人寄來這些資料之後，還會說：「請用我寄給你的資料教育消費者。」而絕不會說：「降價銷售吧！」

猶太人一貫的主張是——「對商品有自信，所以不降價。」同時也指出——「日本人大概是因為對商品沒有自信，所以才會降價銷售吧！」

猶太商人那種「如果降價就不賣」的態度，是對自己經手的商品非常有自信的證明。因為商品好，所以不降價。因為不降價，利潤就高。猶太人經商法的祕密，也就是在這裡。

35 「薄利多銷」是愚蠢的經商法

日本的代表性經商法，是源於我的出生地——大阪的大阪經商法。那種以「唯利是圖」為招牌的大阪經商法，在猶太人的經商法前顯得極為幼稚，根本稱不上是「經商法」。

大阪經商法是薄利多銷的經商法，以「薄利多銷」為幌子賺錢的是大阪商人。然而，如果告訴猶太商人「薄利多銷」這句話，他們卻搞不懂。

「田！賣很多，利潤很薄，究竟是什麼意思？如果賣很多，應該賺很多錢才對啊？」猶太人一定會這麼說：「賣很多，利潤很薄，出自藤田這位大阪商人的口中不是很愚蠢嗎？嗯！必定很愚蠢。」

我試著用兩手比較猶太和大阪的歷史，大阪自仁德天皇以來，有兩千年的歷史，猶太有五千年的歷史。很遺憾地，猶太的歷史要比大阪的歷史長一半以上，在猶太人刻劃出三千多年的歷史時，日本甚至還沒有文字的存在。猶太商人會笑大阪商人薄利多銷的經商法是愚蠢或瘋狂的經商法，也是理所當然的事。

減價競爭是死亡競賽

同業之間如果展開薄利多銷的競爭，雙方往往會因而倒閉。想要賣得比同行便宜一點！想要比同行多賣一點，這種心情是可以理解的。但想要賣得稍微便宜一點之前，是不是應該思考一下：為什麼賣得便宜可以獲得厚利這個問題。

製造商或貿易公司如果利潤薄，就會陷入隨時都會倒閉的危險中，更何況薄利競爭好像用繩子套入彼此的脖子上互相拉扯，這是極為愚蠢的經商法。這種以薄利競爭為名的「死亡競賽」，可能是德川時代行使權力鎮壓商人，要商人減價銷售時所殘留下來的經商法。

36 使商品在有錢人之間流行起來

如果我不進口服飾品，我可以斷言，日本服飾品的流行趨勢大概要落後二十年。我在進口服飾品時，不會採購以白皮膚、藍眼睛為對象所設計的服飾品。「只要是高級的手提包，進口就會暢銷」這種說法不見得正確。有很多業者學我進口服飾品，結果都慘遭失敗。

為什麼他們進口的東西賣不出去，而我進口的卻那麼暢銷呢？祕密在於我只進口與黃色皮膚和黑色頭髮相稱的服飾品，在這背後也存在著猶太商人給我的適當建議。我之所以敢武斷地說「如果沒有我的話，服飾品將會落後二十年」，也是因為我有這份自信心。

將有錢人吸引過來的釣餌

使某種商品流行起來有其要訣。流行有兩種，一種是有錢人之間的流行，一種是大眾之間所掀起的流行。試著比較這兩種流行，有錢人之間的流行時間比較長。像呼拉圈等在大眾之間迸發出來的流行，有如曇花一現，很快就銷聲匿跡了。

有錢人之間流行的東西流傳至大眾之間，大約需要兩年的時間。因此，讓有錢人之間流行某種服飾品的話，兩年之內就可以將該商品販賣給一般大眾。

有錢人之間流行的商品都是最好的高級舶來品。日本人無法抵擋舶來品的誘惑，這是我在從事盟軍司令部當通譯時，親身經驗而深知的事實。越是有錢的人，對舶來品就越自卑。

就算明明知道國產品的品質比較好，日本人也會想多付一倍以上的金額來購買舶來品。換言之，就算我們標價很高，日本人也會樂於購買，再也沒有比這種生意更容易賺錢的了。

掌握大眾的嚮往心理

任何一個人在看到比自己高一等的階級時，都希望自己至少能夠享有那種程度的生活，有錢人和上流階級是大眾嚮往的目標。

日本有一句諺語，叫作「攀上高門」。

人很奇怪，對地位比自己低且沒有財產的人，絕對不會產生崇拜他們的感情。就算金錢並非萬能，但也不能否認上流階級的「流行品」所產生的影響力。崇拜上流階級的傾向以女性特別強烈，即使是男性，也有很多人喜歡上流階級的奢華生活和貴族式的嗜好等等。

想要利用人們這種心理，首先就必須進口某種高級服飾品，讓其在第一級的有錢人之間流行起來。憧憬此等級之生活的下一級有錢人，如果人數比第一級有錢人多兩倍，在他們可以取得此流行品的時候，此商品可以比當初高兩倍的價格銷售出去。而在流行至第三等級的有錢人之間時，商品的售價就可以提升到四倍。高級品當然會逐漸地流向大眾，這段期間大約需要兩年。

隨著流行的大眾化，價格當然也會下降。但到了那個時候，我們公司早就不再銷售那種商品了。過去二十年來，我們公司從來沒有賣剩下的舶來品，更何況是大減價，一次也沒有。

只要銷售有錢人之間流行的商品，賣剩下或大減價和我一點關係也沒有。我也和薄利多銷等事倍功半、利潤少的生意無關。如果以有錢人為銷售對象，就可以「厚利多銷」，有利可圖。

37 用厚利多銷經商法來賺錢

用厚利多銷的方式來銷售稀有價值的商品，不管售價多高，都可以賣出去。

以前有一位商人從菲律賓帶回一個罕見的甕，獻給豐臣秀吉時說：「這是英國的寶物。」豐臣秀吉非常珍惜，將其當作獎勵品送給在大戰中戰功卓著的一名諸侯。這名諸侯也將這個甕當作家寶，世世代代流傳下來。但在德川幕府三百年閉關自守的禁令解除之後，日本人開始與西洋人有貿易上的往來，才知道那個甕竟然是西洋的便器。

那個便器之所以在日本能夠被視為英國寶物而肆行無阻，乃是因為在當時的日本，同樣的東西只有兩個，不管是豐臣秀吉或那位諸侯，都很珍惜它的稀有價值。沒有比「別人沒有，只有自己擁有」這件事情更能使人的自尊心得到滿足的了。

這就是貿易商的利潤所在。在外國一千日圓就買得到的東西，帶回日本之後標上一萬、十萬日圓賣出去。物以稀為貴，能夠用便宜的價格進口國內罕見的物品，再用昂貴的價格賣出去，就是優秀的進口商。相反的，如果國內物品在國外很罕見，能夠以昂貴的價格將此物品賣到國外去，那也是手腕高明的貿易商。

38 販賣文明的落差

舶來品之所以訂價那麼高又賣得出去，還有其他的原因。

比方說，奧地利約有三百家服飾品製造商，沒有一家仿造其他店的產品。任何一家服飾品店都以自家商品創造的物品自豪。幾百年來不斷地製造自己商店特有的物品，絕對不像日本那樣，會去仿造其他店的產品。

店內的每一件物品都有悠久歷史的分量，具有幾百年或幾千年的歷史分量，由人類的智慧結晶製造出來的產品，就算價格高昂，人們也會接受。這就是方才所說的另一個理由。進口商可以說是在舊文明與新文明的落差上標上價格，再將文明落差所產生的力量當作利潤來販賣。而且，落差越大，賺的錢越多。

第3章

猶太人經商法的支柱

39 不要為工作而吃飯，要為吃飯而工作

如果你問猶太人：「你覺得人生的目的是什麼？」時，他們會怎樣回答呢？如果你認為猶太人會回答：「人生的目的是為了賺錢。」那你就大錯特錯了。猶太人一定會這麼回答：「人生的目的是盡情地吃喝。」

如果你問猶太人：「那麼人為什麼要工作呢？」

猶太人會這麼回答：「人是為了吃而工作，不是為了儲存工作的能量才吃。」

日本的上班族如果碰到同樣的問題時，恐怕會回答出完全相反的答案。

日本人是不折不扣為工作而吃飯的民族。

正因為猶太人的回答是「為吃飯而工作」。所以，猶太人最大的樂趣就是穿著晚禮服，在最高級的餐廳內奢侈地享用豐盛的菜餚。

因此，猶太人在對別人表示好感時，會招待對方享用豐盛的菜餚。招待的場所有的是在自己家中，有的是在餐廳。一般來說，請對方吃晚飯，是猶太人表示最善意的款待方式。

享受豪華的晚餐是猶太人的樂趣，同時也是猶太人支配金錢勢力的象徵。

猶太人兩千年來遭到迫害、歧視和欺侮，但他們在內心深處一直都有自己是「上帝之選民」的自豪。同時互相發誓，總有一天要讓異教徒跪在自己面前。因此，猶太人把基督徒當作賤業而扔棄的金融業和商業撿起來當做武器。時至今日，以金錢勢力君臨異教徒。對猶太人來說，誇示他們金錢勢力的最佳機會，可以說就是奢華的晚餐。

猶太人「享受人生的方法」

猶太人在晚餐時間，會花兩個多小時優閒自在地享用佳餚。吃喝是他們人生的目的，所以他們絕對不會以五分鐘或十分鐘的時間匆匆忙忙地扒掉「人生的目的」。猶太人在安祥地享用屬於人生之目的的奢華晚餐時，即可感受到幸福。猶太人為了品嚐這種幸福，不管用什麼手段或方法也要賺錢。

40 用餐時不要談論工作上的事情

前面已經敘述過，猶太人是「雜學」博士。他們會從容地享受用餐的樂趣，同時在用餐時隨心所欲地運用廣博的學識，談論所有的話題：家人的話題、休閒娛樂的話題、花卉的話題……一個接一個上場。

不過，雖說猶太人把的所有的事情當作話題來閒聊，但他們也不是百無禁忌。猶太人不會說猥褻話，所以在這裡不必特意提出來講。可是，絕對不要觸及關於戰爭、宗教和工作的話題，這是他們的默契。

對在全世界各地顛沛流離的猶太人來說，戰爭的話題會使用餐時的氣氛黯淡。若是談到宗教上的話題，也只會與異教徒產生對立而已。有三百萬個日本人和五十萬個美國人死於太平洋戰爭中。二十五年後，誰也不會提起那件事。但兩千年前僅有一名猶太人遭到基督教徒殺害，而猶太人至今卻始終念念不忘。這到底是什麼緣故呢？

一談到宗教問題，猶太人就會喚起長年累月遭到不合理對待的痛苦經驗。談到工作上的話題，也會引起利害上的對立，而造成雙方不快。

因此，猶太人在享受用餐樂趣時，絕對不會觸及會破壞用餐氣氛的話題。猶太人很難理解叫藝妓作陪，一邊吃喝一邊談論工作的日本人。

如果日本人有「基本人權」，我認為那應該是吃飯時不談論工作上的事情。日本人之所以會在用餐時熱中於談論工作上的事情，我認為這是日本人沒有基本人權的緣故。

因為談生意的關係，有時會錯過用餐時間。如果那時是猶太人來訪，看到我正在辦公室內吃飯，就會非常過意不去地說：「請慢用，我待會兒再來。」

要是我急急忙忙使勁地扒飯，猶太人就會一臉認真地提醒我：「藤田先生，你這樣做不對哦！絕對不要搞錯享受人生的方式。」

每次我在辦公室附近的銀座或新橋看到上班族匆忙吃午飯的情況時，我就會以類似猶太人的眼光看著他們，自問道：「到底他們是為什麼而工作？為什麼而吃飯呢？」天生窮命的日本人享受豐盛的晚餐可能是無理的要求。但至少我也希望日本人在用餐時，能夠有一種從容的心，可以不要談工作上的事情。

41 有錢人是偉大的人，沒錢的人是齷齪的人

猶太人的人生觀以享受為目的，所以價值觀的標準就是金錢。

猶太人所謂的「偉大的人」，就是每晚享受豪華晚餐的人。換言之，每天晚上吃豪華晚餐的人就會受到尊敬。對於猶太人來說，甘於清貧的學者不是偉大的人，也不是值得尊敬的人。不管多麼有學問，知識多麼豐富，如果貧窮，就會受到輕視，而被視為是下等人。

「在世上擁有大量的金錢，能夠大量使用金錢的人，就是偉人。」這種猶太人獨特的價值觀，足以證明猶太人對金錢的迷戀已經達到無法自拔的程度。

希望能夠抱著現金死去

接下來我來談一個小故事，說明猶太人對金錢迷戀的程度。

有位猶太裔富翁在臨終之前，把親屬叫到跟前說道：「把我的財產全部換成現金，並且準備最昂貴的毛毯和床鋪。剩餘的現金堆在枕頭旁，在我死後馬上放入棺

材內，我要把這些錢帶到來世。」

親屬按照他的吩咐去做，準備了毛毯、床鋪和現金。這位富翁躺在極為講究的床鋪上，裹著柔軟的毛毯，滿足地望著堆在枕頭旁的現金嚥下最後一口氣。龐大的現金按照他的遺言，和遺體一起放入棺材內。

就在這個時候，他的朋友匆忙趕到。朋友聽富翁的親屬說，他們按照遺言將全部的財產換成現金，並且放入棺材內。他的朋友立即從口袋中取出支票，寫上金額，簽上姓名，接著把支票放入棺材內，並將所有的現金全部取出來，然後拍拍朋友遺體的肩膀說道：

「這是面額與現金相同的即期支票，你大概也會很滿足吧？」

故事中的猶太裔富翁由於對金錢迷戀的緣故，而想把現金帶往來世，而他的朋友也對金錢非常迷戀，竟然想要用支票來換取朋友的現金。兩者都顯示猶太人對於金錢的執著。

42 連爸爸都不可信任

一九六七年秋天，我前往芝加哥拜訪迪比特・夏丕羅先生。夏丕羅先生是猶太人，是高級皮鞋製造商的董事長。

夏丕羅先生的宅邸非常寬闊，我想大約有三萬平方公尺。鋪著草坪的庭院內有游泳池。與他宅邸毗鄰的三棟並列的乳白色建築，是他的皮箱工廠。

那天我應邀前往夏丕羅先生家中接受晚宴的款待。夏丕羅先生當時將近五十歲，身材精悍，乍見之下就知道是皮箱工人出身。他以粗糙的手和我握手來迎接我。首先，他帶領我去參觀皮鞋工廠。

在我們來到第二棟產品檢查工廠時，夏丕羅先生拍著一位正在檢查皮箱半成品底部的青年的肩膀，喊道：「嗨，喬！」那位青年笑容滿面地回過頭來，說道：「哦，迪布！」

我覺得很驚訝，因為那位青年直呼董事長夏丕羅先生為迪布。正當我覺得驚訝時，夏丕羅先生介紹那位青年給我認識：

「他是我的長子約瑟夫。」

我懷著複雜的心情和約瑟夫握手，我實在無法猜測出夏丕羅先生的心理，自己的小孩直呼自己的名字，他卻還若無其事，毫不在乎。

我的疑問在不到一個小時之內就徹底消除，因為後來我看到夏丕羅先生以猶太式教育小孩的方法來教育剛滿三歲的次子托米。

托米當時跟他姊姊十一歲的凱西在有著大壁爐的會客室裡追逐玩耍，夏丕羅先生突然抱起喧鬧吵雜的托米，讓他站在壁爐台上，然後把手伸向他說道：

「托米，來！朝爸爸的方向飛過來。」

托米因為爸爸也加入他們玩耍的行列，非常高興地笑著往夏丕羅先生的懷中跳下來。我和托米都認為他會跳到夏丕羅先生的懷中，但就在托米即將跳到夏丕羅先生的懷中時，夏丕羅先生冷不防地把手縮了回去，托米當然就掉落到地板上而大聲地哭了起來。

我目瞪口呆地望著夏丕羅先生，夏丕羅先生只是笑容滿面地望著托米。

托米一邊哭，一邊跑向坐在對面沙發上的媽媽帕特麗西雅女士的身旁。但帕特麗西雅女士也只是笑咪咪地，彷彿嘲弄托米般地說道：

「哦！爸爸真壞。」

此時，我非常生氣地看著眼前的情景。夏丕羅先生也不管我心裡的感受如何，就坐在我身邊鄭重其事地說道：

「這是猶太人的教育方法，托米還沒有力氣從壁爐台上跳下來。儘管如此，他還是聽我的話跳了下來。因此，我故意把手縮了回來。反覆做了兩、三次之後，托米應該會有一種直覺，認為連爸爸都不能相信。就連爸爸也不可以盲信，我從現在起就教他能夠相信的就只有自己而已。」

我總算瞭解夏丕羅先生的長子直呼父親名字的理由。

長子約瑟夫在夏丕羅先生家中已經被認定足以獨當一面。一旦被認為可以獨當一面時，就被賦予與父親完全相同的人權。

儘管父親是個有錢人，但約瑟夫還是在工廠的部門上班，這是為了證明他已經可以獨當一面。

43 從孩童時期起就實施金錢教育

後來，夏丕羅先生也談到他給孩子零用錢的事情。

「我會按照工作量來區分給孩子零用錢的金額。例如，幫忙割庭院的雜草十美元，早上拿牛奶一美元，早上買報紙兩美元。不管哪個孩子去做，金額都沒有改變。因為同一種工作，同一種工資。」

夏丕羅先生笑著說。

換言之，夏丕羅家的零用錢不是按月給，也不是按星期給。另外，也不會因為年紀大而比較多，完全是按照工作能力來給零用錢。

如果是日本人的家庭，可能是按照年齡而有不同的零用錢金額。例如，如果長子為五千日圓，那麼老二就是三千日圓，老三就是兩千日圓。

西歐的勞工或公司職員是按照能力和效率來支領工資，同樣的工作內容，年輕人和四十歲的勞工領取相同的工資，西歐人認為這是理所當然的事。相對的，日本的勞工或公司職員則執著於論資排輩的工資制度，不肯下決心按照能力和效率來支領工資，那是因為從孩童時期起的金錢教育與勞動教育與西歐人不同所致。

後來，我前往各地拜訪猶太人的家庭，發現任何一個家庭在幼兒的教育階段，就已經在實施猶太人經商法了。

在日本，有很多熱中於教育的媽媽在稚齡孩童還看不懂樂譜之前，就強迫小孩學鋼琴。與其實施這種連一分錢也賺不到的教育，不如讓幼兒學習金錢教育，將來才能夠安閒度日。不知讀者覺得如何？

44 不可信任老婆

由於血濃於水的關係，猶太人在事業上只相信猶太人。

猶太人的想法是：「不管有沒有訂立契約，猶太人一旦說出口的事必然會遵守，所以可以信任。可是異邦人不履行契約，因此不能信任。」

萬一有猶太人不履行契約上的規定時，就會遭到猶太社會所唾棄。猶太人遭到猶太社會所唾棄，對於身為猶太商人而言，無異於被宣判死刑，不容許再次以商人的身分東山再起。

由於有這種成規，所以猶太人嚴格地遵守與人約定的事情。猶太人與猶太人以外的異邦人做生意時，之所以會開出極為嚴格的條件，原因就在這裡。

在進行事業或做生意時，如果同樣都是猶太人，因為血濃於水的關係，彼此就會互相信任。然而，若是涉及到金錢問題時，即使都是猶太商人，也一樣要求非常嚴格。同樣是猶太人固然不用說，就連自己的妻子也不信任。

我在芝加哥有一位從事律師職業的猶太裔朋友，有一次，他以非常正經的表情告訴我：

「如果有老婆的話，她一定會覬覦我的財產，說不定還會擬定計劃謀財害命。我不想結婚，免得喪失自己的生命和財產。」

羅斯柴爾達版的「產生財富的家訓」

N先生的月收入為五十萬美元，所以，N先生只要工作一個月，就可以休假兩個月，過著優閒自在的生活。他擁有六艘遊艇，每艘大約六萬美元，經常帶著數名漂亮女朋友任意遨遊於世界各地的海面上。

N先生似乎以嘲弄勤奮的日本人為樂。他有時心血來潮，不管白天夜晚，會遠從加勒比海一帶的度假勝地打電話給我，電話那頭還傳來年輕女孩的嬌笑聲。

「哈囉，藤田先生。想必你現在正汗流浹背地在工作吧！目前我人在加勒比海，睡在美女的膝上，海風徐徐吹來，真是舒服極了。啊！這種生活實在美妙。嘿！嘿！嘿！……」

正因為N先生在玩樂時揮金如土，所以工作時也和別人一樣，非常珍惜每塊錢。N先生因商務的關係前來日本時，我目睹了他談生意的樣子，可以說是錙銖必較，一毛不拔的傢伙。

然而在玩樂時，他卻出手大方，彷彿是用別人的錢那樣毫不在意。看了N先生之後，不禁覺得他是在肆無忌憚地宣稱：「人是為享樂而工作的，快樂才是至高無上的生活意義。」

雖然美女環繞身邊，但他不想結婚，讓人感受到連老婆都不信任的猶太人那種可怕的「金錢第一」的主義。

N先生是世界上數一數二的猶太富豪，算起來也是羅斯柴爾德家族的親戚。正因為如此，所以才會忠實地遵守羅斯柴爾德家族的家訓：「對於媳婦或女婿這些『外人』，不可疏忽大意。」現在，他或許仍在貫徹獨身主義也說不定。

45 女人與商品沒什麼兩樣

N先生居住在芝加哥，他的鄰居是《花花公子》雜誌社的社長休．海夫納先生。美國最受歡迎的雜誌社社長兼總編輯休．海夫納先生也是猶太人。

他原本是位新聞記者，在擔任記者的時期覺得自己的薪水太低，於是就要求總編輯為他調高十美元的週薪。

「你說什麼？像你這種人要我們付那麼高的薪水給你？」總編輯毫不客氣地拒絕了他的要求。

海夫納先生當場把辭呈扔在總編輯的桌上，辭掉報社的工作。當時他一無所有，有的只是在擔任記者時所學到的採訪和編輯的專業知識。海夫納先生到處籌措資金，發行了穿插著充滿性魅力的女性全裸照片的《花花公子》雜誌，而大受美國佬歡迎。

被解雇的新聞記者，一下子就成為當紅雜誌的著名總編輯和社長。

《花花公子》雜誌成功後，海夫納先生接著在芝加哥創立了「花花公子俱樂部」，以年輕貌美的兔女郎招徠客人。由於「花花公子俱樂部」非常新鮮，且兔女郎又散發著一股性魅力，客人蜂擁而至，業績扶搖直上，「花花公子俱樂部」的分店一間接一間地在世界各地誕生。

據說海夫納先生目前在「花花公子館」內有兩位美女服侍，過著優閒自在、舒舒服服的生活。

目前，他也是個單身漢。與其花費生命和財產娶老婆，不如適當地更換美女來得愜意。

海夫納先生把「女人」當作商品來銷售而獲得成功。或許是因為他是單身漢，才能夠做到這一點。

46 不要自以為瞭解對方而相信對方

由於我以世界各國的猶太商人為經商對象的關係，所以在他們的介紹之下，我能夠與各式各樣來日本的猶太人打交道。雖然是猶太商人介紹來的，但他們不見得都是猶太商人。毋寧說，不是商人身分的猶太人比較多。

雖然不是商人，但猶太人全都精通猶太人經商法的基礎知識。每次與不是商人的猶太人交往時，我總是深深的體會到這一點。

有一次，一位猶太裔畫家在與我交往密切的猶太商人的介紹下來訪，我帶領那位畫家前往位於銀座的「王冠」夜總會。

那位猶太裔畫家在喧鬧聲中拿出畫紙，開始為一位女服務生畫起素描來。不久之後，他將完成的素描拿給我看，不愧是畫家，畫得真是唯妙唯肖。

「哇！你畫得真好。」我讚美道。

那位畫家以和我面對面的姿勢再次開始不停地在畫紙上畫畫。有時將左手伸向我的方向豎起姆指比畫一番，然後又繼續作畫。

從我的位置雖然看不到他在畫什麼，但我認為他似乎是把我當成模特兒在作畫。若是那樣的話，我應該讓他比較容易畫。於是我就稍微擺出側面給他看，一動也不動地約莫過了十分鐘。

「畫好了！」畫家說道。

我聽了之後，也鬆了一口氣。

「銀座的猶太人」也丟盡面子

但是當我看了他為我畫的素描之後，我不由得目瞪口呆。原來他畫紙上畫的是他自己的左手姆指。

「你老兄太過分了！我刻意擺出姿勢給你畫，結果你竟然不是畫我。」我非常不滿地說道。

畫家看著我，狀似愉快地笑道：

「藤田先生，你是著名的『銀座的猶太人』，聲名遠播到芝加哥。我只是想稍微地試探你一下，可是你不弄清楚我在畫什麼，卻自以為是地認為我是在畫你，並且好意地擺出姿勢讓我畫。對於你的好意，我是不應該有所指責的。但即便如此，你這樣做還是不行。你不配當『銀座的猶太人』。」

由於畫家畫女服務生給我看，所以我認定接下來必然會為我作畫。

這麼說來，即使是曾經做生意做得很順利的交易對象，在下次做生意時，又變成是新的生意對象。既然是新的生意對象，猶太人就不會相信對方。每一次的生意，猶太人都認為是與對方「第一次」做生意。如果因為是第二次而自以為會像第一次那樣順利，而相信對方的話，從猶太人的經商法來說，是不合格的。

剎那間，我突然產生一種錯覺，坐在眼前的人並不是一位畫家，而是一位專業的猶太商人。

47 什麼國家主權，胡扯蛋！

納粹德國在第二次世界大戰中瘋狂地迫害追殺猶太人，有六百萬名猶太人遭到殺害。戰後，大部分的納粹領導階層在軍事審判中被判處死刑或終身監禁，只有艾西曼下落不明。

原來艾西曼逃至南美，成為阿根廷的國民而倖存下來。

這件事情最後被以色列祕密警察發現。以色列祕密警察在掌握艾西曼的確實證據之後，就潛入阿根廷逮捕艾西曼，將他帶回以色列，在審判中宣告艾西曼死刑，並加以行刑。

對不斷將許多無罪的猶太人送進毒氣室進行殺戮的納粹黨，我不想表示任何同情，而且認為艾西曼被處以死刑是理所當然的事。

姑且不論艾西曼的罪行，對於以色列祕密警察進入阿根廷逮捕艾西曼這件事，我總覺得有些不滿。以色列祕密警察太過肆無忌憚地侵犯了阿根廷的國家主權。通常發生這種問題時，其中一個國家必須向另外一個國家提出引渡犯人的要求，透過政治途徑來解決。但以色列祕密警察卻直接進入其他國家，強行帶走艾西曼，阿根廷顯然遭到以色列侵犯了主權。

全世界的新聞界也都是猶太人的同黨嗎？

當時全世界的新聞界態度很奇怪，沒有一家報社將以色列侵犯阿根廷的國家主權這件事情拿出來大作文章，所有的報社都異口同聲地指責艾西曼是個壞人。侵犯其他國家的主權理應大加撻伐，可是任何一個言論機構都無視於這一點，而只羅列艾西曼的罪狀而已。

這是猶太人的勢力深入全世界言論機構的最佳證據，原本應該保持中立的新聞界已經成為猶太人的同黨了。

我曾經在幾位猶太人面前指責以色列的不對，說在艾西曼逮捕事件中，以色列侵犯阿根廷主權實在是莫名其妙。

「那是你不對，什麼主權？簡直胡扯。不管怎麼說，那傢伙是殺害六百萬名猶太人的劊子手。」猶太人以理所當然的表情，冷淡地望著我說道。

可是我認為這種邏輯並不合理。依我看來，那是猶太人的實力太強，足以指鹿為馬，顛倒是非。

只要能夠叫新聞界噤若寒蟬，以侵犯國家主權為首的任何事情就可以為所欲為。猶太人知道這一點，而且也已經正在實行。

48 問到瞭解為止

日本人前往外國旅行時，總是按照旅遊指南所介紹的名勝古蹟四處觀看，然後非常滿意地回國。這大概是國小、國中和高中的「修學旅行」（譯註：為瞭解社會，而由學校舉辦實地參觀、研究的旅行）積習未改的緣故。換言之，日本人喜歡幼稚的旅行。

因為日本人在西歐各國遊覽時，無法一眼就看出，這個老外，是英國人、法國人、美國人或猶太人等。

連容貌都無法分辨，那麼想要瞭解該國的國民生活將是一件非常困難的事情。與其如此，不如優閒自在地到處逛。

如果要魚販來說，他可能會說：「每條魚都有牠的相貌。」例如，這條鰤魚的幼魚特別漂亮或那條比較醜，魚販可以清楚地分辨魚與魚之間的不同。我和猶太人交往了二十多年，能夠一眼看出對方是不是猶太人。猶太人有著獨特的鷹勾鼻，我就是用鷹勾鼻來分辨的。

就像日本人不易分辨白種人一樣，對白種人來講，要辨別對方是日本人、中國人或韓國人也是一件困難的事。大多數的白種人和日本人一樣，不會費力氣去分辨對方是哪一國人。

可是猶太人就不同了。他們對名勝古蹟雖然不會表示多大的興趣，但對其他人種或民族的生活、心理和歷史，則比專家還要好奇，甚至連該民族的另一面都想窺知一二。

「不夠徹底」所帶來的罪惡與災害

這種好奇心可能是猶太人基於長年以來的流浪與遭到迫害的歷史，對其他民族產生了戒心而形成自我防衛本能的可悲習性。可是，猶太人這種好奇心是猶太人經商法的重大支柱，這是無法否認的事實。

前來日本的猶太人如果到辦公室來找我，可以說都一定會向我借車。

「如果你要逛名勝古蹟，我可以當你的嚮導帶你去。」

「我不需要嚮導，因為我已經取得了充分的預備知識了。」

我將車子借給對方後，他就只帶著地圖和旅遊指南觀光去了。

過了幾天，猶太朋友回來了，接下來的情況可就不得了了！他說為了感謝我借他車子，要請我吃飯。可是，在餐桌旁坐定之後，我就開始飽受對方不斷地質問，連一頓飯都無法好好地吃。

「為什麼日本男人在外面不穿和服，而在家裡卻穿和服呢？」

「為什麼日式短布襪是白色的？白色不是很容易髒嗎？」

「為什麼要使用筷子呢？用湯匙不是比較容易吃嗎？筷子不是日本人的祖先過著貧窮生活時代所殘留下來的東西嗎？」

猶太人在沒有問到水落石出之前，絕不善罷甘休！

「凡事向人請教」對猶太人來講，不是一時之恥。如果自己只懂得一些皮毛的知識，那才是一大恥辱。

猶太人對於自己想知道的事，會徹底地瞭解。猶太人這種凡事都要追根究柢的性格，明顯地出現在與人談生意的時候。

徹底瞭解之後才進行交易——這是猶太人經商法的鐵則。

49 瞭解敵人的狀況

猶太人在針對與日本有關的事情向我展開咄咄逼人的質問時，通常會發現日本人的非合理性而和我抬槓。

由於猶太人對日本人的風俗習慣、傳統和嗜好並非瞭解得很徹底，所以總是問一些牛頭不對馬嘴的怪問題，讓我不知該如何回答。

然而，他們這些奇怪的問題基本上說來，是根據他們的人生哲學而來的。

猶太人的人生哲學是：「人應該過著合理而舒適的生活。」從這層意義上來講，日本人的生活型態可以說還有進步的空間。

正如詳細地記筆記那樣，猶太人會使用V8或幻燈片將旅行地所見到的當地民族的風俗習慣記錄下來，並加以保管。而在一家團圓時播放這類的影片或幻燈片，一邊欣賞，一邊向家人介紹異國的風俗習慣。

一次也沒來過日本的猶太商人子弟非常熟知日本的情況，經常讓我覺得驚惶失措，這乃是他父執輩反覆不斷地給他們看日本影片所致。

《孫子兵法》上有一段話：「知彼知己，百戰不殆。」

就連《孫子兵法》，猶太人也早已瞭然於心。也許是我畫蛇添足，但我認為歷史悠久的中國公理比起猶太人五千年的公理，有過之而無不及。

但遺憾的是，中國人的公理是用中文寫的。如果不是用中文，而是用英文書寫的話，世界上可能會有更多人正在活用中國人的公理中。

中國人只用中文書寫公理，這是中國公理致命的缺陷。我之所以會大聲疾呼──「如果不具備英語的閱讀、書寫能力，根本無法立足於國際社會。」也不是沒有道理。如果孔子和孟子精通英語的話，大概會比克利歐佩特拉的鼻子加高兩公釐更能改寫世界的歷史。

50 一定要獲得充分的休息

不吝惜金錢，盡情地品嚐豐盛的菜餚，結果必然能夠維持身體的健康。健康是猶太人最大的資本。兩千年來遭到迫害而血脈卻沒有斷絕的原因，也是因為猶太民族非常重視「健康」。

相對的，日本的上班族連一頓飯都不能好好地吃，還要承受連日來的加班之苦。午餐以蕎麵條草草裹腹，辛勤地工作一個禮拜後，難得的假日還必須在家人的逼迫下，開著車前往交通堵塞的街道去。

日本人究竟要怎樣才能瞭解自己的悲哀呢？因此，日本人的血脈沒有斷絕，可以說是比耶穌基督復活的奇蹟還要更神奇的一件事。

猶太人從星欺五的晚上到星斯六的黃昏為止的安息日，規定自己必須禁酒、禁煙、禁慾，摒除所有的慾望，專心地休息，並且向上帝祈禱。據說星期六紐約的交通量減半，是因為猶太人嚴格地遵守「休息戒律」之故。

安息日，除了不能工作（也不能討論工作），連食物也要事先準備，當天廚房也是公休的日子。

在好好休息二十四個小時之後，從星期六晚上起，是猶太人的週末。猶太人在經過充分的休息之後，便優閒自在地享受週末的樂趣。猶太人透過悠久的歷史瞭解到一個道理：「只工作而不休息有損健康，也無法品嚐到人生的目的——快樂。」希望讀者別忘了工作之後，一定要充分的休息。

51 去除包皮垢，預防疾病的發生

猶太人是白人當中罕見的喜歡洗澡的民族。聽說以前德國人兩個禮拜洗一次澡，法國人洗澡的次數還比德國人更少。可是猶太人卻是每天晚上都洗澡，猶太人是非常愛乾淨的民族。

男性猶太人遵從猶太教的教義接受割禮，而且每次入浴時都仔細去除包皮垢。因此，比起其他民族的女性來講，女性猶太人罹患子宮癌的比率非常低。關於這一點，醫學上的統計數字即可證明。

有人說男性猶太人接受割禮，是純粹的宗教儀式，也有人說這是他們「以快樂為人生目的」的觀念所衍生出來的現象。可是，不管是基於什麼樣的理由，猶太女性罹患子宮癌比率較低的事實，說明了猶太人熟知健康與清潔密不可分的關係。

不管在用水不足的情況下或處於緊急狀況、不方便之中，猶太人一定要清洗身體的兩個部位。

他們用所謂的猶太式入浴法來清洗身體的兩個部位，這兩個部位是陰部和腋下。即使泡在浴缸中，猶太人也會特別仔細地清洗這兩個地方。

52 乳房非常豐滿

女性猶太人則另當別論，大部分的女性異邦人都不願與猶太人結婚。在猶太人當中也有這種現象——越優秀就越不容易生育。可是，若是能夠讓女性異邦人進一步地與猶太人結婚，猶太民族或許就不會有這方面的煩惱了。女性異邦人之所以不願與猶太人結婚，可能是因為猶太人是受到歧視的民族，若是嫁給猶太人，自己也將成為受到歧視的對象。另外還有一個主要原因，那就是猶太人不同意用牛奶或羊奶等人工哺乳的方式來哺育嬰兒。

猶太人的觀念是：「人類的孩子就必須餵人乳。」他們主張：「餵哺母乳才合乎自然之理，我們幾千年來一直都是用母乳來餵小孩，用動物的奶水餵人類的小孩是不對的。」

猶太人完全不介意女性胸部會因為哺育嬰兒而走樣。這是費盡心思，努力想保持乳房曲線美的異邦女性們，對猶太人敬而遠之的最大原因。

要是猶太人放棄用母乳哺育小孩，就會遭到猶太教會所驅逐，因為猶太教不同意信徒違反自然之理。

53 如果滿分是一百分，取得六十分就算及格

即使是猶太人與猶太人做生意，也會發生爭執。遇到這種情況時，兩個人就會來到猶太教的拉比面前找拉比評理。古時候的猶太人即使有爭執，也不能前往基督徒的法院提出訴訟。這種生活智慧就是從這裡產生，一直傳承至今。

因此，拉比所做的判決就是上帝所做的裁定，猶太人必須絕對地服從。無法遵守拉比裁定的人，就會遭到猶太社會所摒棄。

提到猶太人的經商法，或許有人會聯想到莎士比亞所著的性格冷酷無情的《威尼斯商人》。可是，《威尼斯商人》其實是為了迫害猶太人而撰寫的極為無聊的劇本。真正的猶太商人是有血有淚的人，即使會因為金錢而不信任妻子，但也絕對服從猶太教的戒律。

「人能夠做得到」的限度

對猶太人而言，必須絕對服從拉比所做的判決，但拉比有時也會因為犯法而身

敗名裂。

紐約大規模的走私集團遭到檢舉時，警方逮捕到一名利用裝牙膏的軟管挾帶寶石走私的猶太教拉比。

在日本，如果高僧做出這種事，全體信徒可能會驚訝到極點，而放火把寺院燒掉。然而猶太人卻漠然置之，不以為意地說：

「拉比也是人，難免會犯錯。」

對猶太人來講，拉比也是一個活生生的人，只要是人，及格分數就是六十分。

日本大學的評分標準是，八十分以上為「優」，七十分至七十九分為「良」，六十分至六十九分為「可」，五十九分以下為「不可」。

換言之，及格分數為六十分以上。

同樣地，猶太人以六十分為及格分數，也有其原因。

本書在開頭曾經提過，猶太人的世界觀是「七十八比二十二」，這個「七十八」的78%就是「六十」之意。

對上帝和機械要求一百分的猶太人，對人不過才要求六十分。

54 就當一名猶太教徒吧！

有些人故意貶低猶太人所信奉的猶太教，但我卻認為猶太教是一個非常高尚的宗教。

如果猶太教是部分人士所說的「騙人的宗教」，應該不可能五千年來一直存在著。信仰猶太教的猶太人真的很會賺錢。我覺得要是全世界的人都是猶太教的信徒，那該有多好。這樣就不會有戰爭，大家都很會賺錢，天堂就會出現在地球上。或許幾百年以後，地球上所有的人都會成為猶太教的信徒。全世界被猶太民族這麼優秀的民族所征服，只是時間早晚的問題。

日本的神道教中也有經商之神和財神，但不管怎麼看，我還是覺得猶太教的神比較容易讓人賺大錢。

55 從事鑽石買賣不能只做一代

我是以皮包等服飾品商的身分踏出貿易商的第一步。在我從事貿易的過程中，不知何故，突然很想做寶石的生意。

提到寶石，不管怎麼講，都是以鑽石為最大宗。

我向世界聞名的鑽石商海曼・麻索巴先生提出與他進行交易的要求。海曼・麻索巴先生開出極為嚴苛的條件，對我說道：

「想要銷售鑽石，至少必須要有百年的計劃，光靠你這一代是不行的。今後，從事鑽石買賣的人必須是受到世人尊敬的人物才行。獲得他人的信賴，是鑽石商做生意的基礎。因此，必須無所不知，無所不能。藤田先生，你知道澳大利亞附近有什麼深海魚嗎？」

後來我終於如願以償地從事鑽石買賣。但做鑽石生意的猶太商人會要求他的生意對象必須擁有與自己互補的知識；人品卑劣、沒有教養的人，猶太商人絕對不會把他們當作做生意的對象。

56 想要賺錢就要超越意識型態

散居於世界各地的猶太人保持密切的聯絡，只要是猶太人，不管是猶太裔美國人或猶太裔俄國人，都是他們的同胞。倫敦、華盛頓或莫斯科對他們來說，都是連在一起的。

美國的哈利・威斯頓這位鑽石研磨商，與全世界的猶太人聯合起來做生意。瑞士的猶太人（亦即轉口貿易商）將中立國的優點發揮到最大限度，他們把蘇俄的猶太人和美國的猶太人結合起來。若透過轉口貿易商，美國人和俄國人就可以自由地進行貿易。

在猶太人的世界中，沒有資本主義，也沒有共產主義。

猶太人說道：

「不管是耶穌基督或馬克斯，都沒有說過要殺人。他們都希望人類能夠過著幸福的生活，兩人的見解只有一點點不同，就只是做法上不一樣而已。因為他們都是猶太人，所以不會說出要殺人這種胡說八道的話。」

因此，蘇俄的猶太人和美國的猶太人透過轉口貿易商做生意，也是理所當然的事。猶太商人眼中只有生意，沒有改治立場。

「與俄國人做生意有什麼不好？」猶太人百思不解地問道。

對於以全世界的人作為生意對象的猶太人來講，對方的國籍不是問題。

猶太人和猶太人以外的人做生意時，不會一一地分別對方是「德國人」或「法國人」，而全部以「異邦人」來對待，因為猶太人一點也不在乎對方的國籍。

只要對方能夠讓自己賺錢，根本沒必要去問對方的國籍。

57 算算自己還有多少壽命

提到猶太商人「不問對方的國籍，只要能賺錢就好」的性格，會讓人擺脫不了猶太商人行為惡劣的印象。

對於猶太人的經商法來講，只要是合法，不是以欺負人為目的，大量賺錢的行為就不應該加以譴責，這毋寧說是正當的商業行為。

壟斷市場、抬高價格來賺錢，也是光明正大的經商法。

只要不觸犯法律的規定，而且又遵從猶太教的教義，為了賺錢而不擇手段，也是沒辦法的事。

換言之，猶太人對於賺錢的要求非常嚴格，所以當然也會算算自己還有多少壽命。不僅如此，連對方的壽命也會先計算一番。他們會若無其事地說道：「你今年五十歲，這麼說來，你還剩下十年的光景囉！」

如果日本人被當面這麼說，一定會臉色大變，氣呼呼地罵道：「你這是在詛咒我嗎？」可是，如果對方是猶太人，根本就不會放在心上，因為猶太人瞭解「人類的生命並不是永恆的」這個事實。

不以一代決勝負

我曾經在芝加哥遇到一位猶太老人，他是個大富翁，但他沒有自己的房子，而是租公寓居住。當我知道這件事之後，非常驚訝地問道：

「你這麼有錢，想要買幾棟房子都不成問題，為什麼還要租房子住呢？」

那位老人若無其事地回答：

「反正我再過幾年就要死了，買不買房子都無所謂。」

無法這麼冷靜地把自己的壽命考慮進去，可以說是騙術通行的日本式經商法的溫床。日本人連自己的壽命還有多少都不想計算，只想矇騙對方。猶太人無法信任日本人，也不是沒有道理。

猶太人並不退休，當猶太人說：「我還有五年」時，並非意謂「他五年後會從工作崗位上退下來」，而是「他大概再五年就會去世」。

猶太人能夠以這種方式來計算自己的壽命，是因為徹徹底底地瞭解「做生意是世世代代的事」的觀念。以「一代四十年」為單位來工作的日本人，不得不讓人說日本人眼光短淺、格局太小。

58 想要欺騙猶太人是行不通的

有一天，一位自稱為G的美國律師打電話到我的辦公室，說想要跟我見面聊聊。這是一通預約見面的電話，很不巧那時候我手邊正好很忙，所以只能婉拒了對方的要求。

「希望你能挪一些時間給我。」

「對不起！我沒時間。」

「那麼……藤田先生，我一小時付你兩百美元，你願不願意和我見面？」

G先生一小時要付我兩百美元，實在不便拒絕，既然他都這麼說了，想必有什麼緊急的事要和我談。

「好！我答應和你見面，不過僅限於三十分鐘。」我勉為其難地答應了。

G先生來到我的辦公室之後，談的事情是這樣的——

聘請G先生擔任法律顧問的一家美國公司與日本某貿易公司合作，希望能找個監督者，以便監督該日本貿易公司是否遵守契約。美國公司請G先生來日本尋找適當的人選，並且願意每個月支付一千美元的薪資給那位監督者。

G先生帶著猶太人給他的介紹函來找我，開口說道：「如果由你介紹的人來擔任監督者這個職務，一定不會有問題的，因為你是猶太人的朋友。」

我要求G先生給我看看那家美國公司與日本貿易公司之間締結的契約書。

「契約的內容非常嚴整，完全沒有增刪的餘地。」說著，G先生就把契約書拿給我看。

我大概瀏覽了一下，不由得笑了起來。以美國人來說，或許完美無缺、盡善盡美，但從日本人的眼光看來，卻是漏洞百出、弄虛作假的契約書。

「這麼看來，真的是需要有監督者才行。」

我指出契約書上不完備的地方，並且介紹一位懂得英語，目前賦閒在家的朋友給G先生。監督者幾乎什麼工作都不用做，每個月可以支領一千美元，想必是需要精明能幹、頭腦清晰的人才足以勝任。

不管怎麼說，絕對不能欺騙猶太人。因為我太明白他們的實力了！要是知道猶太人的實力，就不敢隨便欺騙他們，因為這會成為自己的致命傷而自食惡果。

59 想想時間的運用方法

我擔任日本麥當勞公司的董事長，開始做漢堡的生意之後沒多久，有一位猶太人來找我。那時我已經開了四家店面，正準備籌劃第五家分店而忙得不可開交。

「藤田先生，你現在有空嗎？」猶太人從容不迫地說道。

「開玩笑，我哪有空！」我有一點生氣地回答。

「不！藤田先生，你現在肯定有空。」

「我沒有空！」

「咦？要是你沒空的話，怎麼可能擁有四家漢堡店，而又再籌備第五家店。我想，正因為你有空，才有辦法做到這種程度啊！」

對方這麼說，我竟無言辯解。看來，這位猶太人說得沒錯。

猶太人笑著向我眨眨眼說道：

「藤田先生，沒空的人是沒辦法賺錢的。商人想賺錢的話，首先必須讓自己空閒下來。」

那位猶太人說得一點也沒錯。

第4章

銀座的猶太人語錄

60 打敗猶太人

前面已經敘述過，在列支敦斯登，不管是法人或個人，每年的稅金一律都是兩百五十美元。即使該國的國籍非常昂貴，需要七千萬日圓才購買得到，但如果想到日本不合理的累進徵稅時，就會覺得這筆錢花得挺值得的。

對全世界的猶太人來講，列支敦斯登的國籍非常富有吸引力。但對我來說，列支敦斯登的國籍更是魅力十足。

「能不能想辦法幫我取得列支敦斯登的國籍？」我找羅恩斯坦先生（前面敘述過的那位史瓦洛斯基公司銷售權的擁有者）商量。

「那麼，你到我位於列支敦斯登的總公司去找一位姓希爾特的經理。」說著，羅恩斯坦先生就拿起筆來幫我寫了一封介紹信，要我帶給總公司的希爾特經理。

我帶著那封介紹信飛往列支敦斯登，打電話給希爾特經理約定見面的時間。可是，我完全聽不懂對方在說什麼，他說的不是英語，也不是法語或德語。

於是，我只好直接去找他。我掛掉電話，搭乘計程車前往羅恩斯坦先生告訴我的地址。

當我到了總公司一看，嚇了一大跳。只見一位小兒麻痺、步履艱難的矮小男子在公司值班。仔細一問，才知道那名矮小的男子就是希爾特經理。

我仍然聽不懂他在說什麼，但從他夾雜著不清楚的英語所說的話語當中，約略可以歸納為下述這段內容：「我是幾十家公司的代表，就連羅恩斯坦的公司也是由我擔任董事長。」

他喋喋不休地說道：「我是數十家公司的董事長，這些公司都是世界上不想繳稅金的傢伙們開的。」

列支敦斯登國民令人羨慕的特權

我非常同意希爾特先生的說法。有很多列支敦斯登的國民像他那樣，頂著名義上的董事長一輩子吃喝玩樂地度過。希爾特先生那個樣子彷彿是在說：「只要是列支敦斯登的國民，都可以享受到美酒、女人等放蕩不拘的生活。」

在我聽到希爾特先生的談話之後，不由得感到非常納悶。住在這裡的人讓猶太人拚命地工作，而自己卻可以靠著猶太人的金錢來生活。他們打敗了猶太人，獲得了優渥的生活。

「在我的眼睛還沒變黑之前，是不會讓你成為列支敦斯登的國民的。」希爾特先生在兼任數十家公司的董事長辦公桌前，非常傲慢地說道。

由於這個緣故，我到現在還沒辦法成為列支敦斯登的國民。可是我卻親眼目睹了打敗猶太人的一個實實在在的人物，並且目睹了他們的生活方式。

我曾一度認為面對猶太人只能全面地屈服。但沒想到人外有人，天外有天，希爾特讓我加強了信心，決心要打敗猶太人。

61 不會賺錢的人，不是笨蛋就是低能

我常在想，像日本人這樣勤奮的國民為什麼會貧窮呢？當我在發這種牢騷時，有人會說：「那是因為日本政治家素質不好，領導階層不佳。」日本政治家素質不好也是無可奈何的事，因為落後國家的政治家肯定是素質不佳。

如果要我來說，我會說只要使用頭腦，無所事事也能賺錢。賺錢的訣竅有很多，因此不會賺錢的人就是笨蛋、低能到無可救藥的傢伙。

62 要能利用法律上的漏洞

我過去曾經收購加工貿易（外銷）品的出口實績，大幅分攤了原料的進口配額，因而賺了不少錢。

我之所以能夠賺到這筆錢，僅僅只是有效運用了「按出口實績分攤進口數量」的這條法律而已。所幸，法律哪裡能想到會出現像我這種收購出口實績的人，所以沒有禁止出口實績的買賣。我就是利用法律這種漏洞來賺錢。

法律之類的東西，歸根究柢，是人制定的。以猶太人的口吻來講，不過是勉勉強強六十分及格的不完備法律。若想賺錢，就必須注意到這一點。

法律的漏洞或法律的縫隙中，塞滿了現金。

63 一腳踢開「事先疏通的經商法」

我仍然繼續進口服飾品，把最高級的皮包批給百貨公司。和百貨公司做生意，前往百貨公司的機會當然很多。我去百貨公司洽談業務時，會直接前往賣場，談好工作上的事情之後就馬上回去。

然而，日本這個國家實在是怪得離譜。我到賣場僅與現場人員談論公事後就回去的舉動，對日本人來說，似乎不太對勁。

賣場的年輕人一看到我，肯定會這麼說：

「藤田先生，我們經理聽說你來了，在辦公室等著你呢！你能不能去一趟？」

「可是關於工作上的事情我都和你談過了。如果有別的事情，你們經理可以來這裡跟我談啊！」

「不！也沒什麼事情，只是關於下次進貨的事。哎呀！就是所謂的事先疏通工作嘛！」

「你的意思是說，在和你談公事之前，必須先和你們經理談囉！」

「不是這樣的。藤田先生，既然你都已經來到賣場了，不去經理那裡一趟，經理會不高興的……我的意思是說，你不妨事先和他疏通疏通嘛！」

我不喜歡來這套。什麼叫做「事先疏通」？除了浪費時間之外，沒什麼好處。那種東西最好是把它一腳踢開。

假如我採納賣場年輕人的意見去見他們經理，下次拜託他們經理進同樣的皮包時，他絕對不會一口答應，也不會要負責這方面工作的職員和我談。

如此一來，我在經理面前還要重複一遍我對賣場年輕職員所說過的話。同樣的話我必須說三遍，一遍是在賣場說，一遍是對他們經理說，另一遍就是在經理面前對著賣場年輕職員說。

簡直就像是被警察逮到的搶匪一樣，要一遍又一遍地說出同樣的口供。

允許浪費時間的日本獨特的經商法不但讓人拙於賺錢，還造成極大的虧損。

64 正因為了不起，才要工作

以百貨公司為例，賣場的年輕職員忙得團團轉，而經理卻在自己的辦公室裡優閒自在地挖著鼻孔、看著高爾夫球雜誌，實在是太不像話了！薪水領得比較多的是經理，經驗比較豐富的也是經理，判斷力比較優異的還是經理。結果是——

讓這種人遊手好閒，坐領高薪，對企業而言，是非常嚴重的損失。

薪水少、經驗淺、判斷力不佳的年輕人無所事事，閒得無聊，那也是沒辦法的事。我認為了不起的人必須連感冒的時間都沒有地辛勤工作，在這段時間內，不妨讓年輕人優閒自在地打打高爾夫球吧！

65 不要隨著猶太人的步調轉

在與猶太人碰面時，他們一定會以悠久的歷史而自豪。那神情彷彿是在說：

「在猶太人經商法形成的時候，日本還處於史前的神話世界中。」

正如猶太人所說的那樣，在他們與交易對象訂立「契約」時，日本說不定還在進行「以物易物」那種原始的商業行為呢！

但是，我不會讓猶太人那麼得意，於是就不客氣地說道：

「日本人的歷史雖然不長，但兩千年來都有土地可以讓我們落葉歸根。」

猶太人聽到我這麼說，立刻露出落寞的表情說道：

「光是這一點，就讓人十分羨慕。」

即使我對猶太人悠久的歷史表示敬意，但我也不願隨著猶太人的步調轉。

66 懷疑主義讓人無法產生幹勁

我和猶太人接觸之後，他們最先指出我的缺點是，我是懷疑主義的信奉者。

「要不要讓我們來告訴你猶太人的公理，我們將告訴你五千多年來一直通用，不需要證明的公理，你願不願意相信？不相信別人而只相信自己，這種態度也沒錯，但完全懷疑別人所說的話，只會妨礙自己的行動力。懷疑主義最後只會讓人失去幹勁，如此怎麼能夠賺到錢呢？」猶太人經常這麼說。

日本人即使在與對方訂立契約之後，也不會完全相信對方。而猶太人在與對方訂立契約之後，就會完全地信賴對方。因此，在對方違約、出賣自己時，猶太人絕對不會馬馬虎虎了事，而會徹底地要求對方賠償損失。

可是，我生性懷疑的個性始終改不過來，因而蒙受相當大的損失。我曾經去義大利採購皮包，在對方的公司內以懷疑的眼光看著產品，百般挑剔地提出要求。

義大利皮包商非常生氣地對我說道：

「你們日本人開始使用皮包不過才一百年的時間，我們使用皮包已經有兩千多年了，不需要你來教我！」

對方這麼數落我，讓我無言以對。

沈默是金，是日本的「公理」。但猶太人在對方違約時，一定會說道：「不必辯解！」而要求對方付違約金。但我們認為只要默默地賺錢就可以了，奉行「沈默是金」這句格言。

67 日本人的心胸太過狹窄

我的母校北野中學（北野高中）在一九六二年舉行了創校九十週年紀念典禮。當時住在東京的理事有朝日啤酒的董事長山本為三郎先生、森繁久彌先生和我三個人。山本先生和森繁先生因為工作忙碌不克參加，而由我本人以東京代表的身分出席理事會。

理事會討論的議題是「要捐贈什麼來紀念創校九十週年」，原案是興建圖書館，聽說全體一致贊成原案。

對於這一點，我強烈的反對：

「各位理事，你們是不是都瘋了？圖書館是明治政府為了降低文盲率而提倡的，到了現在還在興建圖書館，未免也太落伍了吧？正因為國內圖書館林立，日本才會有這麼多人近視，連我也戴近視眼鏡。很多人都知道戴眼鏡會妨礙和女性接吻。再說，興建圖書館，最高興的就只有圖書館承包商K學長那夥人而已。與其蓋圖書館，還不如蓋個汽車練習場捐贈給學校不是更好嗎？」

然而，經過投票表決之後，我的提議以七十比一遭到否決。沒辦法，我又提出第二個議案，就是不蓋圖書館，蓋保齡球館贈給學校。老年人也能夠做的運動，就只有打保齡球而已。我拿出一千萬日圓現金，讓步地說道：「就蓋保齡球館吧！」

然而，表決時還是以七十比一遭到否決，我忿忿不平地回到東京。

坦白說，對於母校會出那麼多沒有先見之明的傢伙，我感到很訝異。

又是一個新計劃——環遊世界一週的研習旅行

時間過得真快，不知不覺就過了十年。這次母校又要舉辦創校一百週年的紀念典禮，聽說這次也是為了捐贈紀念品給學校而召開理事會。十年前不曉得是誰先叫我「東京來的那個神經病」，這個名稱便成為我的綽號。我搭乘飛機飛往大阪，與負責這件事情的理事見面。

「藤田先生，早知道就應該按照你十年前所說的興建汽車練習場。這次我們決議要照你的吩咐興建汽車練習場，請你捐獻一些經費吧！」

我直盯著理事說道：「我覺得你很奇怪耶！是不是腦筋出問題了？在這世上凡事都要走在別人前頭，現在才要蓋汽車練習場？你沒看到現在汽車滿街跑，政府都想不出方法來解決交通堵塞的問題了，你還要蓋汽車練習場？」

「那麼，你覺得應該捐贈什麼？」

「這個嘛……一百年就是一世紀，最能夠慶祝創校一百週年紀念的，就是讓全校的學生環遊世界一週。全校學生有一千兩百個人，可以讓他們在兩個月的暑假期間環遊世界一週。船公司由我來交涉。我們有兩萬名校友，一人各出一萬五千日圓的話，就可以籌到三億日圓，這樣就足夠讓全校學生環遊世界一週了。到全世界各地觀光，將是他們人生的一大資產，總共有一千兩百名高中生，這筆資產可就難算囉！過了三十歲才到國外去，已經來不及了。應該趁著年輕時就到國外去看看，擴大視野，增廣見聞。」

理事目瞪口呆地聽著，但他似乎一點也沒有想要實行這個可以實現的計劃。

整體來講，日本人的格局很小，實在是不行！要是猶太人的話，一定會舉雙手贊成我這偉大的構想。

當然，我這個提案還是不了了之……

68 東大畢業生不要去當公務員

我覺得沒有像日本的資本主義那麼靠不住的制度。

拿公立學校和私立學校相比，公立學校的學費遠比私立學校來得低。

並不是公立學校完全不依賴學生的學費來營運，而是公立學校有政府當老闆。

換言之，以東京大學為象徵的公立學校的學生，可以說是用稅金栽培出來的。

另一方面，國家公務員的幹部大部分都是東大畢業的。靠著國民繳納的稅金來讀書的東大學生，畢業之後擔任公務員，一輩子都靠著稅金生活。

在資本主義的世界上，沒有這麼不像話的事。靠著國民的稅金接受大學教育的學生，畢業後出了社會，應該成為納稅人才對。

至少應該覺得一輩子靠國民的稅金生活，是非常可恥的寄生蟲行為。

東京大學畢業的人完全不認為這是一種可恥的行為，足見其臉皮之厚！

缺陷教育下的犧牲者

很奇怪，日本有很多女性都夢想著能與東大畢業的男性結婚。

如果要我來講的話，我會說：「東大畢業的人腦中總是被邪惡的慾望圍繞著，東大畢業生可以說是變態性慾者。」

我之所以會這麼說，是因為我自己也是東京大學畢業的，所以最清楚東京大學學生的缺點。東京大學畢業的人完全學會了日本歪曲的教育所帶來的惡習。

每次我遇到希望嫁給東大畢業的女性時，總會提出忠告：

「妳的想法非常愚蠢，東大畢業的人絕對不會讓妳幸福，只會讓妳度過無聊又無趣的人生。請妳不要再有這種想法了！」

如果東大從日本消失的話，日本和日本人一定會更進步。

69 因病缺席是逃避責任

即使在我們公司，也有人會這麼說：

「董事長，我感冒了，明天想請病假。」

「好，你儘管休息吧！不過，要是你明天死了的話，我會相信你是病死的。但如果休息一天，第二天來上班時大搖大擺地走進公司，那就不是生病，而是你前一天精神委靡的緣故。」我這麼回答。

有趣的是，那位職員第二天還是來上班，沒有請病假。不休息就足以把病治好，要我來說的話，我會說一、兩天因病缺席，根本就是在逃避責任。

我希望請假時能夠光明正大地休息。不過，自從我創立藤田商店以來，自己一次也沒有請過病假。

70 請假的傢伙要還錢

雖然說電影正在沒落，但我每個月一定會強迫全體員工去看一次電影，當然是由公司出錢。不過，我不會讓他們看無聊的電影，而是讓他們欣賞走在世界流行尖端的電影。並且讓他們思考——世界上的人們今天的心理狀態是怎樣？為什麼會製作這樣的電影？

換言之，欣賞電影也是一個重要的學習過程。因此，只要沒有什麼特別的理由，公司在舉辦電影鑑賞會時，員工不可請假。要是有員工請假沒來參加，公司就會損失電影票的錢，所以我會要求對方「還錢」，還我相當於電影票的金額。

身為董事長的人，必須不客氣地要求不用功的員工償還薪資。

71 最大限度地運用女性

我公司的員工有一半是女性，雖說是女性職員，也不是只讓她們倒倒茶而已，我也讓她們和男性職員一樣出差到國外採購商品。資深的員工固然不用說，就連剛進公司沒多久的新進女性職員，有時我也會讓她們到國外出差。

女性職員通常禁不起出國的誘惑，一聽說要到國外出差，都會高興地手舞足蹈。對岸的猶太人也很高興我派女性職員去，對她們也特別親切。

「在對方色迷心竅時，狠狠地殺價！」

我這麼吩咐一聲，就把她們送出國去了。

由於我不在日本國內出售廉價商品，故若能以更好的價格從國外買進，價格越低，我就會賺得越多。

而且女性採購者的優點比男性多。

第一，女性採購者不需要交際應酬。其中當然也有例外，但一聽到酒，眉毛就成八字型的女性在談生意時，絕對不會因為喝酒而誤事。

第二，女性職員不會出入風月場所。男人一到了國外，在還沒有採買商品之前，就會想先去嫖妓，工作難免會草率一些。女性職員大概不會因為看到對方是男人而意志動搖，給工作帶來困擾。

第三，女性忠於工作，對讓她們去國外旅行的老闆特別忠實，所以絕對不會辜負老闆的殷殷期待。

同時，女性出差費用較節省，因為男性偶爾還會遇到需要付錢請客的場合，而女性則可以一路裝可愛，被捧在手心……如此被保護著，不必花上一分一毫。

在猶太人經商法中，女性是最大的顧客，同時也是最佳搭檔，應該做最大限度地運用。

72 採行每週工作五日制而不會賺錢的生意就不要做

猶太人採行每週工作五日制，他們在這種制度之下賺錢。由於我的客戶採取每週工作五日制，於是我們公司也跟進，而且已經實施很長一段時間了。

如果對方一個禮拜工作五天，而我們工作六天的話就不對，必須以週休二日制來對抗每週工作五日制。對方採取每週工作五日制，而我們一個禮拜卻工作六天，這是無法和外國商人做生意的（這是在週休二日之前的情形）。

如果是不值得工作五天的生意，最好馬上結束比較聰明。

73 打高爾夫球的人不會精神錯亂

打過高爾夫球的人應該都曉得、木頭球桿將高爾夫球揮出去，球呈拋物線往遙遠的那頭飛去，那種快感實在是無法用筆墨來形容的。

如果是猶太人，就會說那種快感與征服美女的快感有異曲同工之妙。正因為如此，中年男性才會那麼熱中於打高爾夫球。換言之，每次來到果嶺時，彷彿是征服了世間的美女一般，對於解除壓力有很大的幫助。

美國的財經界人士也清楚地認識到高爾夫球的效用，他們指出：「打高爾夫球的人不會精神錯亂，值得信賴。」

董事長所從事的工作非常耗費心力，比起任何職業，發瘋率也高居第一。然而，如果說打高爾夫球的人不會精神錯亂，那麼與其尋找名醫，不如打高爾夫球來得有效。換言之，高爾夫球具這種商品就算售價高昂，也可以非常暢銷。

我注意到這種商品，最先將馬古雷格牌高爾夫球桿引進日本。馬古雷格牌高爾夫球桿是由猶太人創設的布朗溫茲維克公司所經營的。

74 公司越大，笨蛋越多

關於進口馬古雷格牌高爾夫球桿一事，M貿易公司也參了一腳，結果雙方談妥由M貿易公司取得代理權，負責進口，我則擔任批發商進行銷售。

第一年我購買了二十萬美元的馬古雷格牌高爾夫球桿。第二年，布朗溫茲維克公司要我把進貨金額提高為四十萬美元，我二話不說，爽快地答應。該公司得寸進尺，要我第三年購買八十萬美元的貨品，我給他們的回答也是OK，但叮囑對方下一年我最多只能進一百萬美元的貨。若我自己是代理商，我有自信可以賣得更多。但代理商是M貿易公司，我做起來就不是很起勁。我看得出來，繼八十萬之後，布朗溫茲維克公司一定會要我把進貨金額提高為一百六十萬美元。

於是，我要求M貿易公司的芝加哥分店長讓我做日本的代理商，但卻被對方一口給回絕掉了。

翌年，布朗溫茲維克公司要我購買一百八十萬美元的馬古雷格牌高爾夫球桿。M貿易公司知道我頂多只能購買一百萬美元，就回答布朗溫茲維克公司：「一百八十萬太強人所難。」

「好吧！那麼，我們已經不需要M貿易公司和藤田商店這樣的聯盟了。Good-bye！」

布朗溫茲維克公司不顧我們過去在日本銷售馬古雷格牌高爾夫球桿的功績，而中止和我們的交易。而且之後，布朗溫茲維克公司還親自前來日本開店，展開直接銷售。

我覺得因為M貿易公司笨，才會讓布朗溫茲維克公司中止了與我們的交易。要是我自己來做，我有十足的把握可以做得有聲有色。

後來，我趁馬古雷格的經理與職業高爾夫球運動員協會做生意的機會，處理起職業高爾夫球運動員協會的業務。我雖然熱中於打高爾夫，但也沒有那麼多時間玩，於是我就將杉本英世培養成日本第一的職業高爾夫球運動員，作為精神上的補償。此後，杉本英世正式成為藤田商店的職員。

自從進口馬古雷格牌高爾夫球桿那件事以來，我就覺得公司越大，笨蛋越多。大公司的職員總是高估自己的實力，而低估別人的能力。這種現象足以證明他們根本就是笨蛋。

75 即使有錢，也不要擺架子

近來日本人總是自以為了不起的說：「日本的GNP（國民生產總值）佔世界第二。」但其實日本是個沒有石油資源的貧窮國家，一旦有事，所有的經濟成果將化為烏有。這一點可不能忘記。

沒辦法享受外國人那樣的家庭樂趣，也是因為日本是個貧窮的國家所致。

儘管如此，日本人在稍微賺點錢時，就擺起架子來。在去酒吧尋歡作樂，被陪酒小姐稱呼一聲「董事長」時，整個人就輕飄飄起來。

銀座的「章魚燒店」在招呼客人時，總是叫「董事長」。據說很多客人一高興，就掏腰包來購買。換言之，自稱「董事長」的人滿街跑。如果別人稱呼自己為董事長時，就得意洋洋或擺起臭架子的話，身上的錢就會遭到猶太人所覬覦，很快就會被搜刮一空。

今後，我也要更認真地與猶太人對抗，同時想辦法把錢帶回日本。

76 要把金錢和女人等量齊觀

不擅長賺錢的人，一輩子與錢無緣。可是如果是很會賺錢的人，錢就會像女人向帥哥投懷送抱一樣，蜂擁而至。

日本男人到國外總是想花錢找外國女人，並且大言不慚地說：

「只要掏出一百美元，漂亮的女人就會拜倒在你的西裝褲下。如果花一百美元還找不到美女的話，花兩百美元也無所謂。」

我覺得這種男人實在愚蠢得可憐。花錢買春怎麼可能找得到美女？想想日本的情況。想要你的錢而肯陪你睡覺的女人，不管夜渡費是一萬或兩萬，都不會是容貌出色的女人。儘管如此，日本人前往國外時總有一個卑鄙的錯覺：只要出高價，就可以找到漂亮的女人。

其實，不管是國內或國外，都可以不花半毛錢就得到漂亮的女人。

能夠免費獲得美女最好。不過，不管怎麼比手畫腳，比到汗流浹背，也不會成功。不論是追求金錢或向女人求愛，都必須擅長外語。

猴子只會說猴話，穿上衣服還是猴子。

日本人至少要會說三國語言，否則就不能稱為是日本人的時代，若是不會說三國語言，就無法輕鬆追到外國美女。

我們應該把金錢與女人等量齊觀。不是跟在鈔票後面跑，而是用把女人弄到手的要領把錢喚進來。若能掌握其竅門，財源必然滾滾而來，想不賺錢都難！

77 要懂得利用政治家

羅斯柴爾德家族的始祖麥雅・亞姆謝爾・羅斯柴爾德在歐洲動亂的時代中，奠定了歐洲頭號金融資本家的地位。

他在拿破崙四處征戰的時代，一方面收買了法軍的最高司令官，一方面將軍事資金借給英國的威靈頓將軍（當然，是收取高利息）。

其後，羅斯柴爾德家族也利用拿破崙、梅特涅、俾斯麥等歐洲動亂時期的英雄，或者有時也遭到他們所利用，但每次都能走向繁榮之道。

在賺錢上，「政治立場和意識形態」都是無用之物。但嚴格說來，如果可以利用政治和意識形態，不妨多加利用。要是利用政治家可以使結算有盈餘，那麼就必須盡可能地利用。

78 如果對己有利，捐款給共產黨也無所謂

在一九六七年的日本大選中，我支持東京四區的候選人松本善明先生。眾所周知，當年松本先生是共產黨中政治前途看好的人士。在這次選舉中，松本先生高票當選，隔了十八年之後，共產黨黨員總算取得東京都議員的席次。

雖說是支持松本先生，但我也不是拿著麥克風在街頭上四處吶喊，為他助選。我是個道地的商人，所以用提供選舉資金的方式來挺他。

我與松本先生從大阪的北野中學到東京大學法學院都是同班同學。不過，松本先生從學生時代起就加入共產黨，而我則由保守陣營出資，組織東大自治擁護聯盟，與校內的共產黨對抗。

當時我打扮成美國大兵的模樣上學，松本先生他們看到我就大聲指責：

「盟軍總司令部派來的間諜！」

我也不甘示弱地回罵：

「你們這群賣國的馬克思主義者！」

後來我與政治越行越遠，而松本先生則通過司法考試，開業當律師。他一面主

張「為人民大眾與政府官史戰鬥」，一面繼續以共產黨員身分為自己的理想奮鬥。

我成為小有名氣的貿易商之後，偶而會就法律條文的解釋和訴訟問題用電話徵詢老朋友松本先生的意見。後來，在中學或大學的同學會上碰面時，兩人就成為無所不談的朋友。

在他的要求下，我提供了部分的選舉資金。雖說如此，我並沒有被松本先生說服成為共產黨員。我之所以願意捐助他，也是經過一番精打細算的。

因為這個緣故，我是參加松本先生當選祝賀會上唯一一個反共人士，在席上我很明白地表示自己的立場。

接著，我就來敘述一下當時的情況。

79 賺錢不需要意識形態

松本先生在他的當選祝賀會上把我介紹給與會人士：

「在座的各位除了一個人之外，其他人的想法都和我相同。這位就是唯一以反共立場來支持我的藤田先生……」

在松本先生介紹完之後，我站在麥克風前簡單地說一些祝賀的話，就開始談起我既然是個反共人士，為什麼要支持松本先生的原因。

「現在全世界分成兩個陣營，一個是以美國為中心的自由陣營，一個是以蘇聯為中心的共產主義陣營。眾所周知，日本目前是依附於美國之下，我想這種狀態還會持續下去，也希望能夠持續下去。

因為日本再依附美國一百年左右，對日本或對我本身來說，會比較有利。由於這個緣故，我也衷心希望日本共產黨在國會的席次能夠增加。

因為如果日本國內存在著共產陣營方面的政黨，而且勢力強大到能對日本的政治產生作用，使政府不再隨著美國起舞，那麼美國就不得不對日本卑躬屈膝，笑臉相迎。

如果美國沒有給日本好臉色看，而使日本偏向蘇聯的話，對美國而言，將是一件很麻煩的事。我做的生意就是趁美國對日本示好時，大大地賺它一筆。日本越對美國撒嬌，美國就越會重視日本。

換言之，如果把日本當作是一個人體，而『共產黨』這個細菌存在於體內的話，細菌越囂張，『美國』這個醫師，就越會開良藥給日本。

我期待日本共產黨能夠擔任向美國撒嬌以及細菌的角色。

我會提供部分選舉資金給松本先生，出發點也是為了便於做生意，這是經過我精打細算之後才決定的。松本先生當選，表示我已經巧妙地培養了一個細菌，我的投資也算是成功了。」

理所當然的原則

我不曉得與會人士把我這段致詞當作開玩笑，或是當作真心話在聽，但當我演說完畢時，博得如雷的掌聲則是事實。

商人有利可圖就可以了，意識形態不過是無用之物。

80 低能政治家是賣國賊

日本的政治家就好像是顯示出「日本是落後國家」的樣本。反正是做壞事，我希望國內的政治家能夠為國家做一些壞事。

德國的希特勒是拚命殘殺猶太人的狂人，但他留給德國人民高速公路，和由波爾謝博士所監製的VOLKSWAGEN名車。高速公路是德國人民勞動服務，不花政府半毛錢建造出來的馬路。

不花費公帑而能建造馬路，當今之世有如此卓越的政治嗎？

相較之下，戰後高喊「振興出口」的口號，把進口業者當作是賣國賊的無能政治家，不知道從什麼時候起，又以積存過多的美元（外匯）為由，把出口業者當作賣國賊看待。

商人絕對無法成為賣國賊。毋寧說，低能政治家才是賣國賊。經濟情況惡劣，政治家必須負全部的責任。

81 想和我談話就到我這裡來

不記得是什麼時候的事情，有一次我出差回來，在火車內與胸前別著「國會議員」名牌的先生坐在一起。

兩人坐著坐著，不知不覺就聊了起來。

我們談論各種話題，在談到計程車費的問題時，我說道：「計程車費老早以前就必須解決。外國的計程車跳表金額的55％是計程車司機應得的份額，而日本的計程車司機為什麼沒辦法拿到跳表金額的55％呢？」

說著，我繼續指出這件事情與日本落後有關，而國內的政治家卻根本不重視這個問題，這一點也比外國落後。

「你這個人說話真有趣，有空到我那裡坐坐，我想再繼續拜聽你的高論。」這名政治家笑著說道。

「開玩笑！我哪有空到你那邊坐，你如果想聽我說話，那就到我這裡來。」說著，我就遞出名片。

那位政治家以「火冒三丈」的表情，接下我的名片。

後來我才知道那位政治家是當時的勞工大臣，我覺得有些惶恐。但儘管如此，我還是覺得如果政治家有事情要請教別人時，就把對方叫去，那麼在這些政治家問政期間，日本的政治根本不會進步。

由於存在著「有事求教於人時，就把對方叫過去」的心理，日本政治家一到了國際社會時，就只會出醜而被人瞧不起。

82 外國人第一次見到日本人，就留下非常惡劣的印象

以前我從國外旅行回來，飛機抵達羽田機場打開艙門之後，就會有一個個子矮小、面色凝重，自以為了不起的男子登上飛機，毫不客氣地盯著旅客看。

他就是所謂的「檢疫官」，負責在機內進行檢疫的工作。可是他給人的印象實在很差，外國大概不會有這種事情發生。

就算不進入陰暗的飛機內，在活動舷梯下等待旅客下飛機，應該也能夠執行任務才對。我想這種做法比較不會對旅客失禮。

檢疫官是日本人回國時第一個碰面的同胞，但對第一次到日本的外國人來講，這位檢疫官卻是他們有生以來第一次見到的日本人。第一次見到的日本人就給他們留下這麼惡劣的印象，對日本而言，甚至可以說是致命性的負面影響。

從以前開始，我就覺得機內檢疫是件非常討厭的事，每次下飛機之後，我都會跟相關人士提出建議。

只要黃色皮膚、個子矮小的男子不進入剛抵達的飛機內，相信外國人對日本的

印象將會改善許多。

所幸，這一點在今天已經獲得改善，我的生意也比以前好做多了。提到做生意，首先必須重視給人的第一印象。

83 知曉猶太人經商法的準則

在猶太人的經商法中，有其獨特的準則，必須遵守契約也是其中一種。以女人和嘴巴作為銷售對象亦為其中之一。為了熟練猶太人經商法，先決條件就是把本書中所舉出來的準則充分地加以融會貫通。

猶太人經商法是全世界唯一通用的「經商法」。不知道其準則而投入貿易的世界中，就好像不會游泳而跳入水中一樣。

如果能夠徹底瞭解其準則，今後應該可以以猶太人為對象，勢均力敵地與對方交手。沒有競爭的地方就不會繁榮，所以必須與猶太人展開劇烈的競爭才行。

〔專欄〕

猶太聖書《塔木德》

有個人想要了解猶太民族，於是首先研究《舊約聖經》，接著又博覽群書。然而由於他並非猶太人，結果對於猶太民族還是不甚了解。

不久，他領悟到必須研究猶太人的法典《塔木德》，否則無法了解猶太民族。遂於某日登門造訪拉比（rabbi）。（有關拉比之事，容後詳述，不過基本上拉比乃是猶太教的傳教士。更確切地說，對於猶太人而言，拉比有時是教師，有時是法官，有時甚至視同如父母的長者。）

拉比聞言表示：「你說想要研究《塔木德》，可是尚未具備開啟《塔木德》的資格。」可是來者執意甚堅，百般懇求：「我真的想要研究《塔木德》啊！」又說，「我是否具備資格，總得試了才知道。請您出個題來考考我吧！」拉比見狀回道：「既然如此，那我就簡單地考一考你。」遂向來者提出下面的問題——

「有兩個男孩趁著暑假清掃家裡的煙囪。其中一人滿臉烏黑地從煙囪下來，另外一人卻是臉上乾乾淨淨絲毫不著煤灰地從煙囪下來。你想哪個男孩會去洗臉呢？」

來者回答：「當然是臉髒的男孩會去洗臉囉！」拉比聞言冷然說道：「這就證明你還未具備開啟《塔木德》的資格。」來者不甘又問：「那麼答案是什麼呢？」拉比為其說明如下：「兩個男孩清掃煙囪，下來時一人臉淨，一人臉髒。臉髒的男孩看見臉淨的男孩，會想我的臉是乾淨的。相對地，臉淨的男孩看見另一名男孩的髒臉，大概也會以為自己的臉髒吧！」

來者聽到這番說明，恍然大悟地叫道：「啊！我明白了。請您再考我一次吧！」於是，拉比再發出同樣的問題——

竟然問同樣的問題，由於來者已經知道答案，他馬上高興地回答：「那當然是臉淨的男孩會去洗臉。」豈料拉比依舊冷然地說：「你還是沒有研究《塔木德》的資格。」來者聽了十分不服氣，問道：「那麼究竟《塔木德》是怎麼說的呢？」

拉比回答：「既然兩個男孩同掃一根煙囪，哪有一人臉淨、一人臉髒之理啊！」

《塔木德》是五千年來的智慧

有一次某所著名大學的教授打電話給一個拉比，意思是說他想研究《塔木德》，希望能借他一個晚上。

拉比爽快答應對方要求，並且慎重地表示：

「沒問題，隨時都能出借給您。不過屆時請您開部卡車來。」

因為《塔木德》全套二十卷，總計一萬兩千頁，凡兩百五十萬言以上，重達七十五公斤，面對如此龐大經典，恐怕得用卡車搬運不可。

《塔木德》是什麼？如何編纂而成？它是怎樣的一部書？這些問題很難予以妥切說明。如果三言兩語簡單說明，恐有扭曲原貌之虞；反之如果說明過於鉅細靡遺，回答就要沒完沒了。

《塔木德》不是一部著作，其一萬兩千頁的內容，係由兩千位學者花費長達十年的工夫，將紀元前五百年到紀元後五百年間，猶太先哲的口頭傳述彙集編纂而成的，性質上屬於「述而不作」。同時由於《塔木德》迄今仍然支配著現代猶太人的生活，因此堪稱猶太人五千年來的智慧結晶，和一切學問的集大成者。《塔木德》並非政治家、官員、科學家、哲學家、富豪或名人的作品，而是依靠學者傳述猶太文化、道德、宗教、傳統彙集而成者。

嚴格來說，它不是法典，卻在論法；不是史書，卻在談史；不是人物誌，卻在述說人物；不是百科全書，卻具有等同百科全書的功能。人生的意義是什麼？人類的尊嚴是什麼？幸福是什麼？愛又是什麼？諸如此般，猶太人五千年來的智慧財產、心靈甘泉盡在於此。

《塔木德》乃是一部真正了不起的文獻，亦為璀璨壯麗的文化瑰寶。世人若想了解孕育西洋文明的文化模式，以及西洋文明的根本理念，研究《塔木德》當屬必經之路。

猶太人的飲食

猶太教的飲食限制

猶太人在用餐時，不會邊吃牛肉邊喝牛奶。因為猶太教禁止信徒一邊吃牛肉、一邊喝牛奶。

「因為同時吃牛肉和喝牛奶，牛隻遭到殺害而死亡，小牛又沒有奶水可以喝，這樣會導致滅種。」猶太人說道。

換言之，猶太教視一邊吃牛肉、一邊喝牛奶為禁忌，目的可能是在教導猶太人不要斬草除根地消滅對方。因此，猶太人為想同時吃牛肉和喝牛奶的同胞，準備了與牛奶口味一模一樣的植物性蛋白質——「人工牛奶」。

此外，關於食物，猶太教有各種限制，因此猶太人不吃豬肉，也不吃蝦子和章魚。不過，如果將自己不吃的豬肉作為商品銷售時，他們會飼養之後再進行買賣。雖然猶太教有飲食上的限制，但並沒有禁止買賣。

猶太商人的行話

猶太人聽了會高興的話，是「GANSAMAHA」

猶太人有猶太人才聽得懂的話。

英語管猶太人叫做「JEW」。而與猶太人做生意的日本貿易公司的職員，則稱猶太商人為「一九」。因為一加九等於十，十的日語發音與「JEW」的發音相同。這些日本貿易公司的職員認為猶太人聽不懂日語，而當著猶太人的面若無其事地叫「一九」。

可是猶太人是語言的天才。猶太人覺得自傲的一件事，就是他們至少懂得三國語言。他們老早就曉得「一九」是什麼意思，叫他們「一九」，他們馬上就認定你是在歧視猶太人。

如果猶太商人通曉日本的行話，而日本人卻不懂得猶太商人的行話，那麼就會造成雙方勢力懸殊，無法與對方競爭。

「KAIKU」……指性質惡劣的猶太人。

「SHINY」……指比KAIKU更惡劣好幾倍的猶太人。

這種人會為了金錢而不擇手段，即使是使用不合乎常理的手段亦在所不惜。如果當著猶太人的面說：「你是不是SHINY？」對方一定會氣得翻白眼。

「GANSAMAHA」……和SHINY和KAIKU的意思正好相反，或許也可以譯成「極有良心的商人」。

如果你對猶太人說：「你是GANSAMAHA！」對方必定會覺得非常高興。

「日本的猶太人」簡史

實施閉關自守政策之前，第一位登陸日本的猶太人

最先踏上日本國土的猶太人，可以追溯至十六世紀。長崎縣平戶留有德國人、波蘭人搭船進港的記錄，其中也包括兩名猶太人。據說這兩名猶太人一位是醫師，

一位是通譯，而且至少有一人與日本女性結婚。

後來由於德川幕府採取閉關自守的政策，猶太人也和其他外國人一樣，也就不再前來日本了。

一八六八年，隨著明治天皇門戶開放政策的實施，猶太人又很快地來到日本。首先抵達的地方是橫濱和長崎，橫濱的外國人墓地在一八六九年埋葬了一名猶太人，一八七〇年埋葬了五名猶太人。

日本第一個猶太人社會成立於長崎，猶太人也設立了教堂、墓地。總共一百人左右的猶太人街，出現於長崎港一角。

他們從事把牛奶、水和糧食等供應給進入港口的外國船的工作。

一九〇四年，日俄戰爭爆發，俄國船不再駛入港口，出入的船隻銳減，長崎的港市重要性降低，猶太人頓失經濟來源，於是紛紛前往神戶、上海發展，猶太人在日本的根據地就從長崎移到神戶。到了一九二〇年，長崎再也見不到一個猶太人。

第一次世界大戰的陰影也籠罩在居留於日本的猶太人身上……

受到日俄戰爭的影響，長崎的猶太人遷至神戶。在這段時期內，日本的猶太人分別在橫濱和神戶各居住了一百多人。他們沒有形成有秩序的組織，但只要發生糾紛時，全體猶太人就會聚集起來想辦法解決。

第一次世界大戰爆發後，又威脅到猶太人的生活。日本雖然沒有參戰，但是猶太人在貿易活動上開始出現許多障礙。一九一七年，日本各港口也停止了出口品的裝運。

對於在貿易港地從事商業活動以維持生計的猶太人來說，這種情況是一大致命打擊。為了在美國尋求救命的場所，猶太人陸陸續續集結於橫濱，等待開往美國的船隻。

集結於橫濱避難的猶太人

使事態惡化的是，一九一七年美國修訂移民法限制移民。前往美國之路遭到斷絕，這些進退維谷的難民大多是女性和兒童，因為丈夫和父親為了賺取船資，已經先一步前往美國。

橫濱的帝國大飯店成為難民們的主要根據地，經常有一百多人在這裡等待船隻。此時，全世界的猶太人開始展開救援行動。猶太裔俄國人、猶太裔美國人和各地的猶太人都前來日本救援，顯示出猶太民族團結的強大力量。不久，美國重新修訂移民法，猶太人可以自由前往美國，而避開了一場大混亂。

繼第一次世界大戰之後引起的危機，是一九二三年的關東大地震，許多居住於橫濱的猶太人在地震中罹難。倖存者全部離開災情慘重的災區，遷居神戶。

逃避納粹黨的屠殺……二次世界大戰

第二次世界大戰帶給整個猶太民族有史以來最大的災難。

在納粹黨掌握德國政權之後，就開始大肆屠殺猶太人，就連日本的猶太人社會也倍受威脅，陷入險惡的形勢之中。許多猶太人從歐洲逃向日本敦賀港，因此神戶的猶太人社會充斥著難民。

就像第一次世界大戰時，日本的猶太人全部聚集在橫濱一樣，第二次世界大戰之際，所有的猶太人都集結於神戶，大多數的猶太人都渡海前往美國、澳大利亞和上海。

為了逃離納粹黨的魔掌，日本的猶太人也和其他地方的猶太人團結起來，相互協助，安排搭船到安全地方的事宜。

日本掀起太平洋戰爭後，聚集於神戶的所有猶太人與其他外國人一樣，就移往輕井澤。

今日的猶太人社會……東京、神戶

戰後，日本的猶太人從輕井澤撤出，在東京和神戶形成兩個猶太人社會。

其後，中國大陸赤化，中華人民共和國誕生，許多上海、哈爾濱的猶太人紛紛渡海到日本。此時日本的猶太人社會是猶太人前來日本之後，規模最大的一次。

現在，神戶有三十五個猶太家庭，人數是一百二十五人，其中有二十七名兒童。一九五八年，猶太人關西支部團體取得了日本政府的登記許可。

屬於日本猶太教團之成員的東京猶太人有一百四十個家庭，共三百五十人，大部分是美國籍。

日本猶太教團以位於東京澀谷區廣尾三丁目八番八號的日本猶太教團為中心，圖書館、學校、餐廳等設施也非常完備。除了每週兩次做禮拜之外，也進行廣泛的活動。如電影欣賞、討論會、聖經暨猶太教宗教經典研究會和音樂會等，不斷加強猶太人精神上的聯繫。

猶太家庭原則上是居住在距離此教堂車程不到十五分鐘的地方。許多猶太人的住宅座落於澀谷、麻布、六本木、世田谷、青山，那是因為有十五分鐘車程的距離限制。為什麼要有十五分鐘車程的距離限制呢？據說是基於有事發生時，可以立即驅車前往猶太教團的考量。

猶太人從事的職業是以經營金屬、纖維、電子工程、攝影機等貿易，或自己開設公司為主，但也有醫師、大學教授、音樂家、工程師等等。與猶太人移居日本的初期、中期相比較，更富有多樣性。

第5章

吸收「日幣」的猶太人經商法

84 商人首先重視的是行銷

在做法簡單且一本萬利的猶太人經商法中，一旦發生緊急情況，可以拿出來的祕藏商品就是「貨幣」。買賣貨幣時，不必訂購商品，也不必花費工夫去煩惱交貨期或品質。那是最簡單的買賣，完全不需要做得汗流浹背。

把「貨幣」當作商品，可以一本萬利的時期，就是通貨價格變動的時候，貨幣不是一年四季都能買賣的商品，而是有一定的時期。

一九七一年之後沒多久，我用國際電話和猶太人談生意，或是來日本的猶太人到我的辦公室找我時，他們都會一臉若無其事，但糾纏不清地問我：

「藤田先生，日幣什麼時候會升值？」

八月十六日，在美國尼克森總統發表撼衛美元聲明的前半年，猶太商人就把目標緊緊鎖定在本世紀最大的獲利商品——日幣上。

不管想要謀取什麼商品利益，先「買」下來再說的是外行人，內行人則是先「賣」，賣了之後才會賺錢。做生意要有「賣」和「買」兩種行為才能成立，而「賣」的利潤幅度要比「買」大上許多。

想謀取「日幣」利益的猶太商人早就預測從尼克森總統發表聲明時起，日幣會大幅升值，而悄悄地開始把美元賣至日本，巧妙地鑽日本嚴格的外匯管理制度的漏洞。猶太商人確實無聲無息地把美元挾帶入境。

異常情況始於一九七一年二月……

讓我用數字來證明給各位讀者看。下頁圖表是我在大藏省取得的資料，那是從一九七〇年八月至一九七一年八月之間，日本外匯存底的一覽表。

一九七〇年八月，日本的外匯存底僅為三十五億美元（換算成日幣是一兆兩千六百億日圓）。勤奮的日本人經過戰後二十五年來辛辛苦苦工作的血汗結晶，僅為

〔日本大藏省短期資金調查〕

年	月	外匯存底（單位億美元）	相較於上個月的增減
70年	8月	35	——
71年	9月	35	——
	10月	37	2億美元
	11月	39	2
	12月	43	4
	1月	45	2
	2月	48	3
	3月	54	6
	4月	57	3
	5月	69	12
	6月	75	6
	7月	79	4
	8月	125	46

三十五億美元。

然而，從七〇年十月起，國際收支持續保持順差。日本持有的外幣雖然增幅不大，但也開始一個勁地增加。每個月兩億美元左右的結餘，也可以理解為這是貿易順差所帶來的結果。至少十月、十一月猶太人並沒有拋售美元，十二月雖然增加了四億美元，但排除年底的特殊性，可知至一九七一年一月為止，尚未呈現出足以令人驚慌的狀態。

但二月以後就出現了異常情況。從二月以後的數字來看，即可明瞭。二月為三億美元，三月為六億美元，美元開始異常增加。到了五月時，竟然增加至十二億。相當於一九七〇年八月日本持有美元（三十五億）的兩倍，亦即六十九億美元。

僅僅在九個月之內，日本國內就積存了與戰後花了二十五年的時間所累積的外幣同等金額的美元。除了異常之外，找不出其他可以解釋的理由。不管如何振興出口，拚命將電晶體大量銷售到國外，或不管國產的彩色電視機或汽車在國外多麼地暢銷，僅僅九個月的時間，應當不會上升到與過去二十五年來的利潤相比擬的盈餘吧！這是用常識就可以判斷的道理。

如果注意到這種現象，應當就不會太樂觀地說：「國內持有的美元增加，足以證明日本人的勤奮。日本人那麼勤奮地工作，積存外幣也是理所當然的事。」

當時新聞界的論調和政府的看法一致，自吹自擂地宣揚「日本人的勤奮」，沒有一個新聞記者或政府官員注意到這種異常現象。

我看到屬於島國人種的日本人時，不覺悲哀起來。「我必須早一點讓日本人吃漢堡，變成金頭髮的民族，通行於全世界」的使命感，越來越強烈。為了取悅別國商人，而使「日幣」大幅增值，那真是一件無聊透頂的事。

〔日本大藏省短期資金調查〕

年	月	外匯存底（單位億美元）	相較於上個月的增減
70年	8月	35	——
71年	9月	35	——
	10月	37	2億美元
	11月	39	2
	12月	43	4
	1月	45	2
	2月	48	3
	3月	54	6
	4月	57	3
	5月	69	12
	6月	75	6
	7月	79	4
	8月	125	46

85 若獲得厚利是經商方法，那麼沒有虧損也是經商的方法

在一九七一年五月，外匯存底達到六十九億美元時，我就預估在最近的將來，日本的外匯存底將會突破百億美元大關。到了那個時候，不論願意與否，日幣一定非升值不可。

我立即進行公司內部的調整，出口課只留下經理、副經理和打字小姐三個人，其他的職員全調到進口課。我之所以沒有完全廢除出口課，自然有我的想法，關於這一點，以後再談。

總之，在全世界景氣熱絡，在出口方面只要願意做，不管要做幾筆生意就能做幾筆生意的時期，我卻強行進行調整，因而飽受員工們的指責。我把三個人留在出口課之後，就下達指示：以後除了少數項目外，停止全部的出口業務。

於是，許多優秀職員哭喪著臉向我抗議：

「董事長，日幣不一定會升值，還不曉得以後的情況會如何發展，不要太盲信道聽塗說……」

「董事長，你的意思是要我們眼睜睜把賺錢的生意拱手讓人嗎？」

「錯失賺錢的機會也無所謂，我不想遭受無謂的損失，如果現在接出口的訂單，一定會蒙受重大的損失。」我嚴厲地駁斥員工的抗議。

那時我接到同業半開玩笑的電話：

「託你停止出口之福，我們公司多了五百萬美元的訂單，你讓我大大賺了一筆。嗯，感覺真不錯！」

「目前有一股我們沒有辦法控制的力量迎面而來，你這麼做將會蒙受重大的損失哦！」我向對方提出忠告。

可是對方卻嘲笑我說：

「你又在說夢話了。」

和我有往來的銀行也來詢問：

「你為什麼要停止出口？」

「因為世事多變嘛！」

聽到我這麼說，銀行人員露出納悶的表情。

但我只相信數字，數字絕不會說謊。

到了六月時，外匯存底又增加了六億美元，達到七十五億美元。金融風暴逐漸逼近，我確信我的預估絕對不會有錯。

日本遭到侵襲

與此同時，「在日本拋售美元」的消息也陸陸續續傳入我的耳中。外匯存底異常增加，果然是因為猶太人拋售美元的緣故。

到了七月，外匯存底創下了七十九億美元的記錄，僅僅兩個月的工夫，就又增加了十億美元。

就在這個時候，我的幾個猶太朋友分別打國際電話來詢問我——日本外匯市場有沒有在營業。

「還在營業啊！」

「真的嗎？你沒騙我吧！咦？奇怪。」

在確定外匯市場仍舊在營業之後，猶太朋友們既不驚訝也不感到喜出望外地說道，那口氣彷彿是他們事先經過商量似的。

在芝加哥養了七百萬頭豬隻的猶太朋友，說的話更是露骨：

「哇！這真是個大好機會。我賣掉幾千萬美元所賺的錢，比販賣七百萬隻豬賺得更多。如果你把日幣升值的正確日期告訴我，我就把賺的錢分一半給你。」

「不！謝了。」

我悶不吭聲，咬緊嘴唇忍受屈辱。日本遭到蜂擁而至的猶太商人所侵襲，政府到底在幹什麼？怎麼那麼疏忽大意啊！

我的猶太朋友和外國銀行方面都勸我賣掉美元，其實不需要他們的建議，我早就知道賣掉美元絕對會賺錢。當我縮小出口部門的規模時，就可以賣美元。我感到非常自負，「我是唯一能賣美元而賺錢的日本人。」正因為如此，我才不願拋售美元來賺錢。賣美元可以讓我賺錢，但卻會造成日本國民的損失，我不想從日本人身上賺取這筆橫財。我奉行的主義是，「從猶太人身上賺錢。」

我沒有接受外國友人的建議而放棄這次賺錢的機會，但也沒有坐以待斃蒙受損失。雖然我是「銀座的猶太人」，但卻是屬於兩千年來都有一個祖國可以回去的民族的一分子，我不能從祖國那裡奪取同胞的財物。

86 無能是一種犯罪的行為

尼克森衝擊（一九七一年八月十六日，尼克森提出保衛美元八項措施，從而衝擊到別國的經濟）前後，猶太人幾近瘋狂的拋售美元。拋售美元用的是現金，到了八月，有一百二十億美元積存於日本，比上個月增加了四十六億美元。在一個月之內流入日本的外幣金額遠超過戰後二十五年來所積存的外幣金額。能夠隨意挪用這麼巨額的現金，除了猶太人之外，絕對找不到第二個人。

自尼克森發表聲明後，我的猶太朋友撒米耶爾・戈爾杜休塔特先生看到日本為維持行情而購買美元，不打算關閉外匯市場，欲死守固定匯率的情況，驚訝到了極點，他對我說道：

「日本政府是不是在打瞌睡？再繼續這樣下去，日本可是會垮掉哦！」

儘管如此，他還是拚命地拋售美元。

也有猶太人這麼說：

「對方不是公司，而是日本政府，是絕對不能錯過的交易對象，可以放心地販賣美元。從銀行借美元來賣，即使每年付一成利息給銀行也會賺錢。」

猶太人高興的快要掉眼淚，他們一方面感謝又寬大、又愚蠢的日本政府，一方面拚命地拋售美元。

最近政府官員正在國會接受質詢。如果由我來質詢的話，我想問的問題是：

「不能讓外國人投機銷售美元賺取暴利，理應對在國內賺錢的外國人課徵稅金。如果猶太人沒有賺錢，為什麼國內會積存這麼多美元現金？為什麼僅僅一年的時間，外幣金額就比戰後二十五年來所積存的外幣金額多了將近四倍？今後要如何對居住在外國的猶太人扣稅？要用什麼方法對他們徵收稅金？」

使「每個國民損失了五千日圓」的詭計

當日本面臨本世紀最大的困局時，那些了不起的人究竟在做什麼？

我敢說，了不起的人正在輕井澤打高爾夫球，一桿進洞，而認定這一天是他一輩子中最美好的日子。

我不懂政治，但如果企業的董事長在打高爾夫球時，公司損失了幾千萬、幾千億時該怎麼辦？就算上吊自殺向員工道歉也無濟於事。這次日本的損失，政府恐怕會像太平洋戰爭之後那樣，以「這是全體國民的錯，讓我們來懺悔吧！」的論調說道：「這是大家的責任。」而把虧損轉嫁到稅金上。

我們不需要只會讓國民蒙受損失的政治家，就算沒有政治家，總有辦法解決問題，豈可增加國民的稅金，讓外國人白吃午餐？這種損失究竟要如何賠償呢？

猶太人以「一美元兌換三百六十日圓」的價格銷售美元，在日幣升值至「一美元兌換三百零八日圓」的現在（時為一九七二年）買回美元，買回一美元就可以賺五十二日圓。反過來說，日本賣掉一美元就損失了五十二日圓。

在一美元兌換三百零八日圓的現在，日本所損失的金額概算約達四千五百億日圓，每個國民蒙受將近五千日圓的損失。

相當於菸酒公賣局一年拚命地販賣香菸，從國民身上吸取的專賣收益之金額，轉眼之間就化為烏有。

這群自稱「政治家」，在面對這種事態時卻束手無策的無能之輩，如果讓我來講的話，他們的「無能」就是光明正大的「犯罪」行為。

87 不需努力就可以賺錢的「取消契約經商法」

自尼克森發表聲明之後，日本政府開放外匯市場，在為維持行情而拚命購買美元的背後，可以看出日本政府過於樂觀，認為日本採取嚴格的外匯管理制度，所以投機性「美元」這種商品沒有進來的餘地。

或許日本採取的外匯管理制度讓外國人沒有進入國內投機銷售美元的餘地。可是在外匯管理制度之下不應該有的投機銷售行為，卻出現在現實生活中，使得大量的現金流入日本。

猶太商人在鑽嚴格的外匯管理法之漏洞，將美元帶入日本之際，採取反過來利用日本法律的手段。

猶太商人看到的是，日本所採取的「外幣預收證制度」。

此一「外幣預收」制度，是戰後亟需美元的日本政府所制訂出來的制度，目的是在獎勵出口商在與外國商人締結出口契約時，先收取訂金。不過，這種外幣預收制度有一個缺點，就是准許取消契約。

如果利用這種外幣預收制度和取消契約的方式，就可以在與封閉狀態沒什麼兩樣的日本，光明正大地銷售美元。

前面已經敘述過，做生意是必須先「賣」再「買」的商業行為才算結束，方能算出利潤。正確來講，如果只拋售美元，猶太人並沒有利益可圖。在買回美元時，因日幣所產生的差額才是利潤所在。

換言之，猶太商人與日本出口業者訂立契約，就可以充分利用外幣預收制度，將美元銷至日本。而在買回時，只要與日本的出口業者取消契約即可。

如果在訂立契約時，預收金為一美元兌換三百六十日圓，而在取消契約時，用三百零八日圓買回一美元，就可以淨賺五十二日圓的差額。

外匯市場「非常冷清」的真面目

日本政府察覺到這個詭計時，是在尼克森發表聲明十多天後，亦即八月二十七日，而到了八月三十一日才終止「外幣預收制度」。但也不是全面終止，新的規定是，一天只准許一萬美元以下的預收金，如果超過一萬美元時，就必須接受日本銀行的審核。

新聞報導指出，外匯市場突然「非常冷清」下來，這是理所當然的事。此時是全世界猶太人賣光美元之後的事情。在日本政府下令「超過一萬美元時，就必須接受日本銀行的審核。時，已經沒有猶太商人在外匯市場出入。

外匯市場之所以會「非常冷清」，乃是因為猶太商人正在悄悄地計算該用多少錢買回已經拋售的美元。

猶太商人大量拋售美元，使得日本的外匯存底達到了一百五十億美元。但猶太商人預估日幣還有利可圖，而繼續厚顏無恥地拋售美元。

猶太人預測——

「如果日本的外匯存底突破兩百億美元的話，日幣必然還會升值。到了那時候，目前一美元兌換三百零八日圓的固定匯率必然會下跌，一美元將可兌換二百七十日圓。因此，買回美元時，一美元還可以多賺四十日圓。」

光是他們賺取的金額就足以讓日本國民陷入困境，使日本蒙受重大損失，日本國民不得不在過重的稅金負擔之下苦苦掙扎。

有彌補損失的對策

想要彌補這種損失是有方法的。第一個方法就是，取消契約時，讓對方以一美元兌換三百六十日圓的售價買回美元。

第二個方法就是，將在接受預收金後一年內未出口的交易視為無效。此時，也讓對方以一美元兌換三百六十日圓的售價買回美元。

可是，日本政府必定不會考慮實施上述這兩種方法。所以，日本國民平白無故地蒙受了八億多美元的損失。

總之，必須削減異常增加的一百五十億美元。目前，日本銀行發行的日銀券金額為五兆六千八百六十二億日圓（時為一九七二年三月三十一日），一百五十億美元約為四兆五千億日圓。換言之，有與日銀券發行額差不多金額的外幣流入日本。

萬一在美元流入的衝擊之下，大量的日銀券（亦即日圓）出現在國際市場的話，那麼日本經濟將會陷入危機之中。雖然是情非得已，但必須削減美元的理由也在這裡。

如果削減美元，將會演變成什麼樣的情況呢？把出口業者當作賣國賊看待的政府，態度又會完全改變，必然會開始呼籲「振興出口」。我會把三名職員留在公司的出口部，也是為了預備那個時候的來臨，以便可以隨時重新進行出口，因此我繼續出口年營業額百萬美元左右的商品，在日幣百分之一百六十八點八大幅升值之下，我每年損失十七萬美元。但是我主力所在的進口部門，則相對地大賺錢。扣除虧損之後，我盈餘的部分還是比較多。

全面蒙受損失的出口業者

最可憐的莫過於出口商。由於我停止出口，因而接到大量訂單而喜出望外的其他出口商，現在則長吁短嘆，一籌莫展。

當初貨物進入美國必須扣10%的進口稅。美國買主強迫日本出口商必須負擔一半的進口稅。而且如果日幣升值，就會損失匯兌的差額。日本的出口商還必須有心理準備，要是國內的業者取消契約，就必須和美國買主打官司，結果不是收回貨品，就是必須支付賠償金。用國際電話和美國買主交涉，電話費用將是一筆龐大的開銷，就連電報費用也是貴得驚人。

對於那些曾經誇下海口，指出「進口是一場危險的賭博，唯有出口才能安全而確實地賺錢」的出口商，我只能說他們實在很可憐。

如果說聚集了優秀智囊團的大藏省看不出像我的圖表所顯示的那種單純數字背後所存在的意義，簡直是叫人難以致信，我甚至不得不說他們根本就不具備身為公務員的資格。但是，他們非但不認為異常的美元流入是「異常」，反而以積存外幣而沾沾自喜，我覺得這完全是屬於島國民族的日本人的「洋貨自卑情結」。

88 亮起紅燈就要停下來

對美國這種不顧國際形象的美元保衛政策，日本不但沒有關閉外匯市場，反而為維持行情而熱中於購買美元。這種愚蠢的行為讓猶太人大吃一驚。

「亮起紅燈時，我們就會停下來。難道日本人連這麼簡單的常識都沒有嗎？」猶太人很驚訝地問道。

一九七一年五月，日本外匯存底增加十二億美元時，就很清楚地亮起了「紅燈」。正如猶太人所指出的那樣，日本政府連「紅燈要停止」的常識都沒有。

一九七一年五月亮起紅燈時，猶太人就認為日本政府理應採取措施。然而，日本政府卻完全不打算採取因應的對策。

猶太人一方面用電話詢問：「什麼時候會關閉外匯市場？」一方面讓瑞士銀行匯來美元現金，拚命地拋售美元。

五月以後，特別是在尼克森發表聲明後，日本外匯市場依然開放營業，對猶太人而言，這是意想不到的贈品。對日本政府的大請客，當然是欣喜若狂，樂得手舞足蹈〔注〕。

日本政府束手無策，讓猶太人喜極而泣

我的猶太朋友海曼・馬梭巴先生於九月二日病逝。他生前賺錢賺得眉飛色舞，有如一座小山的成捆鈔票掩蓋到他的脖子，我不禁懷疑，他是不是因為太過高興才瘋狂而死。猶太人就是那麼歡迎日本政府的束手無策，一面譏笑日本的政治，一面繼續大賺其錢。

〔注〕根據尼克森在一九七一年八月十五日所發表的聲明，全面停止黃金與美元的交換，結果以美元為中心的幣制為之瓦解。

日本政府雖然努力維持固定匯率，但同年十二月，美元貶值，日幣的外匯匯率從三百六十日圓升為三百零八日圓，以進行多國間的通貨調整。

89 守株待兔等待第二隻兔子上門

因日幣升值而佔盡便宜的猶太人，在兩年內應該還會從「日幣」上謀取利益。日幣一定還會再次被迫升值。到了這個時候，要是日本疏忽大意、漫不經心，還會再次犯相同的錯誤，讓猶太人趁日幣第二次升值之便，大撈一筆。

不知道什麼緣故，人們總是喜歡重蹈覆轍。尤其是欠缺國際觀的日本人，若不是意志相當堅定，我想下次仍會犯同樣的錯誤。

戰後，日幣的匯率是一美元兌換三百六十日圓。相對的，長期以來，韓國是一美元兌換兩百七十韓元。原本應該是相反的，但美國政策卻這麼決定。

後來韓幣貶值，成為現在的一美元兌換三百韓元。我預估日幣還會再升值，大概會升到與以前的韓元相同，為一美元兌換兩百七十日圓。

如果是這樣的話，這次日幣將會以百分之十六點八八的比率升值，亦即一美元兌換三百零八日圓，上下變動的幅度各為百分之二點二五，上限為三百零一日圓七錢，下限為三百一十四日圓九十三錢，還有將近三十日圓的伸縮空間。因此，可以充分想像出在最近的將來，外國商人將會以一美元兌換兩百七十日圓再度升值為目標，重新在日本掀起激烈地拋售美元熱潮。

日幣還會再升值一次，想到這一點就不能疏忽大意〔注〕。守株待兔是百年難一遇的事，猶太商人還想守株等待第二隻兔子！

〔注〕其後，日本政府也有成立固定匯率制的動向，但一九七三年二月，美國決定將美元貶值10％，於是日本政府改行變動匯率制，以迄於今。

第6章

猶太人經商法與漢堡

90 靈活運用公有馬路

一九七一年七月二十日，我和美國最大的漢堡連鎖店「麥當勞」各出資一半，在銀座三越百貨一樓五十平方公尺的店面開設「日本麥當勞公司」，由我出任董事長兼總經理。

當初三越百貨公司估計，漢堡一天的營業額為十五萬日圓，好一點的話，有二十萬日圓的收入。我決定一天做四千份漢堡，當時一個漢堡為八十日圓，四千份就是三十二萬日圓。把尾數去掉，我預估一天可以賣三十萬日圓。

然而，第一天開幕就讓我大吃一驚。一天豈止三十萬日圓，竟然創下了一天一百萬日圓營業額的記錄。實際的銷售情況遠超過我的預測，而且不是第一天，一連數天的營業額，都達到一百萬日圓。

生意好到連最新型的收銀機都用壞

筆者就將當時驚人的營業情況具體地書寫於後。

購買漢堡的客人一天超過一萬人以上。和漢堡一起銷售的可樂一天六千瓶。過去東京都內可口可樂銷路最大的地方是豐島園遊樂區，而我們的可口可樂銷售額則遠超過他們。

因此，連最新型的收銀機「Conelias400」都因為使用太過頻繁，冒出一陣煙後就壞掉了。後來，出納櫃檯又購買了世界最好的，瑞典製的收銀機「Swada」。可是，還是一樣沒多久壞掉了。

從美國專程託運回來安裝的製冰機，也因為製造太多冰塊而失去原有的功能，再也無法製冰。雪克機也用得破舊不堪，無法使用。

所有的機器一個接一個地故障，我們並不是故意拿木棒來敲壞，也並非不當地使用，而是賣得太多，超過機器的使用極限。

年營業額三億的「戰場」

基於「大家公認絕對不會故障的機器」這個理由，我在店裡面所裝「Swada」收銀機，但開店沒多久就故障。該公司的服務人員驅車前來修理，看了賣場之後，目瞪口呆地說道：

「這種機器在日本用得最頻繁的是超市，每五秒鐘使用一次也都安然無恙。可是你們這裡每二點五秒鐘就使用一次，按照這情況繼續使用下去，機器很快就會過熱而燒壞。」

客人一個接一個地來，製冰機來不及製造冰塊，連讓水冷凍成冰塊的時間都沒有。我一個朋友諷刺我說：「我第一次喝到這種不冰的可口可樂。」

通常，五十平方公尺左右的餐廳一年的營業額大約是一千萬到一千五百萬，要是能夠維持現在這種銷售情況，我估計年營業額可以達到三億日圓。光是這樣，讀者大概就可以曉得當時銷售情況有多麼驚人。

徒步區等於漢堡店

客人一下子來那麼多，就無法在店裡用餐。五十平方公尺大的店面，客人一個接一個地進來，幾乎連站的地方都沒有。所幸三越百貨公司前面是公有馬路，一隻手拿著漢堡從人潮洶湧的三越麥當勞擠出來的人們，就在這條公有馬路上大口大口地吃起漢堡來。

尤其是星期日，銀座三越前的國道一號線禁止汽車駛入，變成徒步區。如此一來，公有馬路就搖身一變而成為麥當勞店。在日本地價最高的銀座上不必支付半毛錢的權利金，而把這麼寬闊的土地當作自己的店鋪使用，而且一天的收入是一百萬日圓，這種感覺實在難以用筆墨形容，簡直就要讓人手舞足蹈起來。

我預定在全國設立五百家麥當勞連鎖店，在成立五百家連鎖店之際，即為改寫日本餐廳版圖之時。光是想到這裡，就讓人不由得高興起來。

91 腦筋必須靈活

在我說出「我要做漢堡生意」時，其實接受了很多人的意見。

「日本人以米飯和魚肉為主食，麵包和肉做成的漢堡之類的東西是賣不出去的。」有朋友一開始就這麼制止我。

也有人這麼說：「漢堡必須符合日本人的口味才行。」

分辨「暢銷商品」的方法

可是，我充分瞭解在猶太人的經商法中，漢堡是屬於「第二商品」，而且我也相信第二商品一定會賺錢。

米的消費量一年比一年少，從數據顯示也可以看得出來。時代正在改變當中，我有自信由麵包和肉做成的漢堡賣給以米和魚為主食的日本人，也一定會暢銷。

另外，也有人向我提出難得的忠告，要我把漢堡改成適合日本人的口味，但我並未接受。因為如果勉強改變，銷售情況無法像預期那樣，別人就會指責說是隨便改變味道的緣故。於是，我決定不變更原有的味道。

銀座、新宿、御茶之水……以年輕人為中心的經商法大獲全勝

我決定七月二十日在銀座三越開店之後，立即與位於東京都內鐵路終點站的某百貨公司食品部經理見面。說起來，那位經理算是我的學長。

「學長，我以前就注意到這個鐵路終點站，能不能讓我在這裡賣漢堡？」我這麼說道。

「你少說蠢話了！漢堡只不過是比麵包稍微好一點的食物，我們這麼貴重的樓層可不能租給你去賣這種東西。」學長一口回絕。

那位學長臉色蒼白地驅車前來找我時，是聽到漢堡在銀座大賣的消息之後。

「藤田老弟，請你務必在我們那裡開家漢堡店。」

「沒辦法，遭到你的拒絕後，我馬上到新宿火車站前的二幸公司與他們的負責人談開店的事，雙方談得很愉快。所以，我決定在二幸成立漢堡店。」

事實上，一九七一年九月十三日，我在二幸成立漢堡的賣場，在那裡出入的人以年輕人為主，銷售情況極為良好。讓我再多嘮叨一句，我也在學生街御茶之水站前、大井阪急大飯店、橫濱松屋、川崎KOMIYA、代代木火車站前、東京火車站八重州地下街開設分店，全都非常順利地創下高營業額。

我的學長敗在他沒有「漢堡會暢銷」這種先見之明。而太過拘泥於現有概念的

人，絕對不具備這種先見之明。「日本人以米為主食」這種現有概念，使學長的預見力失常。

相對的，三越則有先見之明。未來情況尚未明朗，松田董事長及岡田執行董事（當時）就肯將百貨公司的一處租借給我，他們的英明果斷必然可以長留於三越的歷史上。

另外，三越也可以說因為銷售漢堡而成為全世界人所親近的百貨公司。

即使在苦惱之中也必須經常保持靈活性，並且將現有概念一掃而空，這是獲取先見之明的捷徑。

92 獲得信賴的宣傳，以口頭相傳的方式最有效

麥當勞的漢堡從傳單到番茄醬，全都由總公司一手包辦。

牛絞肉等動物性蛋白質，每個人每天最少必須攝取四十公克。我們麥當勞再增加了五公克，一個漢堡供應四十五公克的上等牛肉。換言之，一個漢堡的動物性蛋白質足夠一個人一天的需要量。

「幫忙宣傳」的是愛國的美國人

知道日本也有賣漢堡的居留於日本的美國人，不知是不是因為漢堡讓美國人產生鄉愁，他們經常來店裡光顧。

客人有一成是美國人。美國人吃到許久未入口的漢堡，心情頓時愉快起來，也不管旁邊的日本人是誰，都會替我們宣傳麥當勞的漢堡：

「這種漢堡用的是百分之百的牛肉，提到麥當勞，在美國是無人不知，無人不曉的速食店，所以大家可以放心食用。麥當勞是美國最大的漢堡製造商，做的漢堡

最好吃。」

我在店裡巡視時，也曾經被一位美國老先生拉住不放，他得意洋洋地談到麥當勞的漢堡，拉拉雜雜地說了一大堆。可能是受到美國人蜂擁而至來店裡買漢堡的影響，日本人也開始吃起漢堡來。

總之，由於這個緣故，我們宣傳部門目前處於休假狀態。如果再做宣傳的話，一不小心客人又會如浪潮一般湧了進來，才剛買不久的機器可能又要冒煙，「啪」地一聲又壞掉。儘管如此，託外國人的福，漢堡銷路奇佳。獲得信賴的宣傳，以口頭相傳的方式最有效。

93 掌握人類的欲求

漢堡一天賣一萬份，在銷售時間內並沒有尖峰期，一般的餐廳在用餐時會很擁擠。然而漢堡卻沒有這種情況出現，整天都處於銷售的狀態之中。

換言之，漢堡不是點心也不是主食，但同時是點心也是主食。

近來，帶家人去餐廳吃飯很難花一、兩張千元大鈔就能了事。

然而，隨時（不一定用餐時間）都可以上麥當勞店吃漢堡，店裡隨時都可以成為全家人的用餐地點，這也是漢堡大賣的原因之一。

漢堡這種食物完全符合人類本能上想要抓著東西吃的欲求。開車時不能使用刀叉來吃東西，但如果是漢堡，就可以拿在手上吃。也可以一邊工作，一邊拿著漢堡吃。漢堡是符合現代需求的食物。

為什麼會這麼暢銷呢？

前幾天在某雜誌的企劃下，我與評論家扇谷正造先生對談。

扇谷先生說道：

「多半是因為稀奇，所以客人才會買漢堡吃。」

「你有沒有吃過漢堡？」

「還沒吃過。」扇谷正造先生回答。

「你還沒吃過就說漢堡是因為大家覺得稀奇才買，你這麼說就不對了。如果只是因為稀奇的話，頂多只能維持兩、三天的熱潮，從第四天起，顧客應該就會越來越少才對。」我反駁地說道。

比方說，一到了中午，女性上班族就會前來大量購買。由於女孩子比較節儉，她們發現有比在餐廳吃飯更便宜的東西時，就會上門。男性顧客只是受到女性的影響而來購買，不在乎售價是昂貴或便宜。

我認為漢堡之所以會大賣，是因為各種因素產生的正面作用。同時也深深覺得正確地掌握人類的欲求，遵守猶太人經商法是多麼重要的一件事。

94 不管什麼時候，都要把女性和嘴巴作為銷售對象

我再三說過，猶太人經商法的第一商品是「女性」，第二商品是「嘴巴」。漢堡是直接以「嘴巴」為銷售對象的商品。但更進一步來講，也是以「女性的嘴巴」為銷售對象的商品。想必各位讀者都可以瞭解，我是有意以「女性」和「嘴巴」作為漢堡的銷售對象。猶太人經商法五千年的「公理」，是以「女性」和「嘴巴」作為銷售對象，只要我遵守準則，應該就會成功。

結果如前所述，銷售情況遠超過預期。在麥當勞的經商法中，做好的漢堡十分鐘之內如果沒有賣出去，就必須丟棄。但在一做就賣掉的狀況之下，根本就沒有必須丟棄的漢堡。

遵守猶太人經商法的準則，生意就會如此興隆。我再次體會到猶太人經商法五千年來的「公理」，是身為商人必須絕對遵守的。

在這裡，我必須補充一點，免得遭人誤解。

我非常討厭「吃飯快、拉屎快」這句話。也說過，用餐時應慢慢吃，並且要吃

得豐盛。而我自己卻賣起可以說是「粗糙食物」的漢堡，這不是很奇怪嗎？或許有人會罵我說話矛盾。

在白天的戰爭結束，黃昏時從工作中解脫出來之後，的確應該好好吃一頓豐盛的晚餐。可是白天是工作的時間，應該孜孜不倦地工作才對，想要享受豐盛的大餐，無妨晚上再來享用。由於工作場所與戰場沒什麼兩樣，所以白天應該吃與戰場相稱的食物。

換言之，就是吃商業午餐即可，而麥當勞的漢堡正是最恰當的商業午餐。

因此，我雖然建議讀者必須好好地享用豐盛的晚餐，但另一方面卻賣起漢堡，兩者完全不矛盾。

95 販賣自己不喜歡的商品

在走自己所喜歡的路線開始做生意時，做起來似乎不是很順利。比方說，喜歡骨董的人開骨董店、喜歡刀劍的人賣刀劍，生意一定不會很好。因為銷售的是自己所喜歡的物品，便會有割捨不下的心情，最後生意往往就無法成交。

真正的商人是販賣自己不喜歡的物品。若是自己不喜歡的物品，就會認真地考慮要怎樣才賣得出去？由於是自己的缺點，有時會拚命一搏。

我不是戰後出生的小孩，現在仍以米為主食，像漢堡這種麵食我吃不來。但回過頭來一想，我之所以決心販賣漢堡，無非是因為我不喜歡吃漢堡的緣故。我認為漢堡正是最適合我銷售的「商品」。

過去，我是以進口女性服飾品和皮包為主，並且主張百貨公司的一樓應該擺設服飾品和皮包，所以在全國兩百六十家百貨公司設置服飾品和皮包的賣場。

我是男人，不會在身上配帶服飾品，更何況是提著皮包逛街。正因為如此，我才經銷這商品。由於我是男人，所以才能冷靜地看待女性商品。

在全國的百貨公司內設立漢堡的賣場

我這次打算改變宗旨，主張「百貨公司的一樓可以擺設服飾品，也可以賣漢堡。」同時要求百貨公司讓我在一樓設立漢堡的賣場，畢竟一天有一萬名顧客上門，沒有比漢堡更能像磁鐵那樣吸引客人的商品了。若有一萬名顧客受到漢堡的吸引而來，進入百貨公司的客人也會增加那麼多。

依我看來，漢堡登陸日本，食品界逐漸展開了「鳥羽伏見之戰」（譯註：一八六八年一月，時值日本幕府時代末期，日本幕府軍與薩摩、長州聯合軍在京都南郊鳥羽、伏見交戰，薩摩、長州聯合軍大勝，而掌握了後來改革的主導權）。我把漢堡當作官軍旗，今後將會震撼日本的餐飲業。

成者為王，敗者為寇，戰勝的就是官軍。即使是做生意，戰勝的也是官軍。在鳥羽伏見之戰中，任何人都不認為官軍會獲勝。就連漢堡大家也都這麼說：「哎呀！日本人喜歡的是飯糰，不喜歡麵食。」而認為漢堡會獲勝的，一個也沒有。可是，現在來看就曉得。在大家還在發楞的時候，漢堡就取得勝利而成為官軍！

開幕那天，某大超市的食品部經理也來店裡，他拉住我開口就貶斥漢堡：「你說百分之百是牛肉，不是隨便說說的吧！若沒有添加別的東西，上等絞肉應該不會像這樣緊緊地黏在一起吧？」

「日本的確沒有讓肉黏在一起的技術，但是外國有那種機器可以輕易地讓絞肉黏在一起，我進口了那種機器，只要過一下火，夾在麵包內就可以了。」我輕輕躲過對方的質問。

厚利多銷經商法

某公司的董事長這麼說道：「我怎麼看都無法相信這種東西只賣八十日圓，一百公克售價兩百日圓的牛肉，只使用四十五公克就要九十日圓，看來你是想先賠錢，然後再慢慢賺回來囉？」

「我是『銀座的猶太人』，不會設立一開始就賠錢的公司。」我笑著回答。在麥當勞的經商法中，扣稅前必須獲得兩成的利潤，我們賺的就是這些錢。

也有人這麼說：「裝咖啡的紙杯一個要十五日圓，你這種賣法應該是不會賺錢才對。」

我們店裡一杯咖啡賣五十日圓（當時咖啡一杯應是一百四十圓），奶精、咖啡和糖全部才五十日圓，算起來是相當便宜。所以，勢必會有人這麼問。

「國產的紙杯的確是一個十五日圓左右，可是美國製的紙杯是三日圓八十錢，我是直接從麥當勞進口，所以絕對不會有虧損。」我總是這麼回答。

「不做虧本生意」是我的座右銘。

96 我保證你會成為億萬富翁

為了在資本各出一半、董事長以下的所有員工都是日本人的條件下成立「日本麥當勞」，我從與我合作的麥當勞聘請了兩名指導人員過來。

一九七一年七月二十日，在銀座三越開幕當天的上午七點半，我被那兩位外國人打來的電話叫醒：

「我們現在正在店門口，員工怎麼都還沒來？」

剎那間，我懷疑這兩名外國人是不是發瘋了？

「藤田先生，員工至少要在開店前三個小時就到店，我們想進去都沒辦法進去，請同意讓我把鎖撬開，以便能夠進入店內。」

我回答ＯＫ。即使如此，我也是九點才到銀座三越。到了店裡我嚇了一跳，裡面整理得乾乾淨淨，一塵不染。

他們不是嘴巴說說而已，而是動手做給我們看。在這種情況之下，告訴我們要用這種方式來做才可以。

我在本書中列舉了大約一百條的猶太人經商法，配合時機分開來使用，同時奉行猶太人經商法的原理。漢堡經商法也是如此。

我試著讓自己在本章出現，作為賺錢的範本。各位如果能夠按照這種方式來做，肯定會賺錢。

在日本長大的「猶太商人」

當年麥當勞在全世界擁有兩千家連鎖店，但大部分的連鎖店都是繳納一萬美元的保證金，由總公司購買土地、建築物、內部裝潢、安裝機器，並保證繳納保證金的人可以獲得兩成的利潤，讓他們營業。我在全國成立五百家連鎖店時，也是採取這種方法，我打算將漢堡普及於全國。

不過，要繳納一萬美元，亦即三百多萬日圓的保證金也不是一筆小數目。所以我當初的構想是形式上收十萬日圓的保證金，並打算採用一百位認真考慮過想要脫離上班族生活的人出任店長。而且我保證讓這些我所挑選的人們能夠學到猶太人經商法，獲得億萬的財產。同時，我也想創造出具有國際視野的「新猶太商人」。

〔專欄〕

猶太人的姓氏

「山石」先生、「金山」先生、「獅子岩」先生……

日本人的姓氏是有其意義存在的，例如，「藤田」指的是「紫藤田」、「遠藤」指的是「遙遠的紫藤」，「豐田」指的是「豐饒的田地」。猶太人的姓氏也和日本人的姓氏一樣具有意義，與姓氏不具意義的其他白人有明顯的區別。

例如，「愛因斯坦」指的是「一個石頭」，「愛因」是「一個」，「斯坦」是「石頭」或「岩石」的意思。「貝格斯坦」先生譯為「山石」先生，「格爾德修塔特」先生就是「金堡」先生。至於「格爾登巴格」先生，就是「金山」先生。「羅恩斯坦」先生可以譯成「獅子岩」，所謂「羅恩」，指的就是「獅子」。

姓氏也可以分辨對方的出生地。

「——斯坦」、「——巴格」這種姓氏的人，是屬於德國的日耳曼猶太人。「麻索巴」或「帕爾」是敘利亞語的姓氏，所以是敘利亞猶太人。「帕爾」在敘利亞語中有「高」的意思，「卡當」先生則是「棉花」先生。

有很多猶太人的姓氏是舊約聖經中十大賢人的姓氏，「格溫」就是其中一個。「格溫」譯為「聖衣」。姓「聖衣」的猶太人總是以他們悠久的家世自豪。

猶太人與數字

連大學教授都不曉得的事

阿拉伯數字的「1」，為什麼是「一」的意思，「2」為什麼是「二」的意思？大概沒有一位數學家能夠回答這個問題。然而，猶太人卻回答得出來，他們會這麼回答：「1」是個角度，「2」是兩個角度，「3」是三個角度。（參考下頁）

我現學現賣地教劍橋大學和哈佛大學的教授有關猶太式阿拉伯數字的理論。

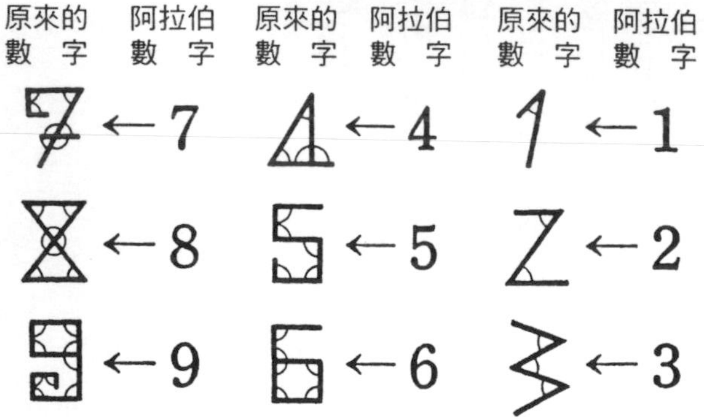

（角度用>表示）

「這可以用科學方式來證明是正確的嗎？」兩位教授同時反問道。
我挺起胸膛地代替猶太人回答：「這是猶太人的公理，公理是不需要證明的，因為五千年的歷史本身就是證明。」

〈全書終〉

國家圖書館出版品預行編目資料

銀座猶太人賺錢術／A・艾德華 主編
-- 初版 -- 新北市：新潮社，2018.11
面； 公分
ISBN 978-986-316-726-6（平裝）

494 107014642

銀座猶太人賺錢術

A・艾德華／主編

出 版 人 翁天培
企 劃 天蠍座文創製作
出 版 新潮社文化事業有限公司
電話：(02) 8666-5711
傳真：(02) 8666-5833
E-mail：service@xcsbook.com.tw

印前作業 東豪印刷事業有限公司
印刷作業 福霖印刷有限公司

總 經 銷 創智文化有限公司
新北市土城區忠承路89號6F（永寧科技園區）
電話：(02) 2268-3489
傳真：(02) 2269-6560

初 版 2018年11月